Uni-Taschenbücher 616

T0234476

UTB

Eine Arbeitsgemeinschaft der Verlage

Birkhäuser Verlag Basel und Stuttgart
Wilhelm Fink Verlag München
Gustav Fischer Verlag Stuttgart
Francke Verlag München
Paul Haupt Verlag Bern und Stuttgart
Dr. Alfred Hüthig Verlag Heidelberg
Leske Verlag + Budrich GmbH Opladen
J. C. B. Mohr (Paul Siebeck) Tübingen
C. F. Müller Juristischer Verlag – R. v. Decker's Verlag Heidelberg
Quelle & Meyer Heidelberg
Ernst Reinhardt Verlag München und Basel
F. K. Schattauer Verlag Stuttgart-New York
Ferdinand Schöningh Verlag Paderborn
Dr. Dietrich Steinkopff Verlag Darmstadt
Eugen Ulmer Verlag Stuttgart
Vandenhoeck & Ruprecht in Göttingen und Zürich
Verlag Dokumentation München

Erich Fischbach

Störungen des Kohlenhydrat-Stoffwechsels

Ein Grundriß für Studierende, Ärzte und Biologen
mit Studienfragen für Prüfung und Fortbildung

Mit 10 Abbildungen und 7 Tabellen

Springer-Verlag Berlin Heidelberg GmbH

Dr. med. habil., Dr. phil. (chem) ERICH FISCHBACH, 1905 in Konstanz/
Bod. geboren, hat ein abgeschlossenes Medizin- u. Chemiestudium (Prof.
WIELAND). Wissenschaftliche Tätigkeiten am Physiologischen Institut in
München und am Pharmakologischen in Heidelberg. 1941 Habilitation in
Pharmakologie. Anschließend Kriegsdienst als Internist in einem Feldlazarett
in Rußland, später in einem Heimatlazarett (Malarialazarett).
Nach dem Krieg als Internist in München mit Nebentatigkeiten als Lehrkraft
für Physiologie am Staatlichen Institut für Medizinisch-Technische-Assisten-
tinnen, Krankengymnastinnen und Arzthelferinnen.

CIP-Kurztitelaufnahme der Deutschen Bibliothek

Fischbach, Erich
Störungen des Kohlenhydratstoffwechsels:
Grundriß für Studierende, Ärzte u. Biologen;
mit Studienfragen für Prüfung u. Fortbildung. –
Darmstadt: Steinkopff, 1977.

(Uni-Taschenbücher; 616)
ISBN 978-3-7985-0455-4   ISBN 978-3-642-95958-5 (eBook)
DOI 10.1007/978-3-642-95958-5

© 1977 by Springer-Verlag Berlin Heidelberg
Ursprünglich erschienen bei Dr. Dietrich Steinkopff Verlag GmbH &
Co. KG, Darmstadt 1977

Einbandgestaltung: Alfred Krugmann, Stuttgart
Satz und Druck: Anthes, Darmstadt-Arheilgen
Gebunden bei der Großbuchbinderei Sigloch, Stuttgart

Vorwort

Das vorliegende Werk bringt in didaktischer und kurzer Form die Grundzüge der Störungen des Kohlenhydrat-Stoffwechsels beim Menschen, die eine rasche Orientierung und Differentialdiagnostik dieser Erkrankungen ermöglichen. Die verschiedenen Krankheiten werden nicht nur aufgezählt und miteinander verglichen, es werden die charakteristischen Krankheitssymptome und Folgezustände herausgestellt. An Glucosurien kommen u. a. zur Sprache: Die nichtdiabetischen alimentären und renalen Glucosurien, ferner die Reiz- und Schwangerschaftsglucosurien, schließlich auch andere Störungen wie Fructosurien, Galactosurien und Galactose-Speicherkrankheiten. Anschließend kommt das Diabetes-mellitus-Syndrom zur Besprechung, seine Pathogenese und Auswirkungen. Entsprechend der klinischen Bedeutung wird auf die diabetischen Comazustände eingegangen. An Hand einfacher chemischer Formulierungen und tabellarischer Aufstellungen werden die verschiedenen Typen von diabetischen Comata, ihre Entstehungsarten und Folgeerscheinungen aufgezählt und besprochen.

Schließlich werden auch die Formen von Unterzuckerungszuständen (Hypoglykämien) charakterisiert, so daß der Arzt einem solchen Ereignis nicht unvorbereitet gegenüber steht. Überhaupt müssen dem Arzt die Symptome der häufigsten Störungen des Stoffwechsels geläufig sein, damit er therapeutische Sofortmaßnahmen ergreifen kann.

Als Anhang findet sich noch eine Fragensammlung über den dargelegten Stoff mit Angabe der Seitenzahlen, auf denen die Antworten zu finden sind. Diese Zusammenstellung dient sowohl der Lernarbeit als auch der Übung und Fortbildung.

Im Gesamttenor ist das Buch für den Studenten ebenso wichtig wie für den Arzt und Facharzt in Praxis und Klinik.

Starnberg/München,
März 1977   *Erich Fischbach*

V

Inhalt

1.	**Nichtdiabetische Störungen im Kohlenhydrat-Stoffwechsel.**	1
1.1.	Nichtdiabetische Glucosurien	1
1.1.1.	Alimentare Glucosurie	2
1.1.2.	Renale Glucosurien	2
1.1.3.	Reizglucosurien	4
1.2.	Fructosurien, Lactosurien, Saccharosurien und Pentosurien.	5
1.2.1.	Fructosurien.	5
1.2.2.	Lactosurien	7
1.2.3.	Saccharosurien	7
1.2.4.	Pentosurien	8
1.3.	Galactosurien und Galactose-Krankheit	10
1.3.1.	Galactose-Belastungsprobe.	12
1.4.	Glykogen-Speicherkrankheiten (Glykogenosen).	13
1.5.	Abweichungen der Glucosetoleranz im Alter	16
1.6.	Kohlenhydrat-Resorptionsstörungen (Kohlenhydrat-Malabsorptionen)	17
2.	**Diabetes-mellitus-Syndrom**	20
2.1.	Primarer, erbbedingter Diabetes mellitus.	20
2.1.1.	Drei Diabetes-Stadien.	21
2.1.1.1.	Praediabetes (Potentieller Diabetes)	22
2.1.1.2.	Latenter Diabetes (Subklinischer oder chemischer Diabetes)	23
2.1.1.3.	Manifester oder klinischer Diabetes.	24
2.1.2.	Pathogenese des primaren Diabetes mellitus	30
2.1.3.	Biochemie der diabetischen Stoffwechselstorung	34
2.1.3.1.	Wirkungsmechanismus des Insulins	34
2.1.3.2.	Normaler Glucose-Stoffwechsel.	36
2.1.3.3.	Stoffwechselstorungen beim Diabetes	38
2.1.3.4.	Sonderstellung von Fructose, Sorbit und Xylit (sog. „Diabeteszucker")	41
2.1.3.5.	Äthylalkohol und Diabetes	44
2.1.3.6.	Wirkungsmechanismus der oralen Antidiabetika	45
2.1.4.	Pathophysiologie und Biochemie des Coma diabeticum	47
2.1.4.1.	Verschiedene Formen des Coma diabeticum.	47
2.1.4.2.	Allgemeinsymptome des diabetischen Coma.	52
2.1.4.3.	Zur Therapie des Coma diabeticum.	54
2.1.5.	Diabetes und Sport.	55
2.1.6.	Zweitkrankheiten und Komplikationen beim Diabetes.	57
2.1.6.1.	Angiopathien (Gefäßkrankheiten) bei Diabetes	58
2.1.6.2.	Andere Erkrankungen und Diabetes	64
2.1.7.	Chemisch-hervorgerufene Diabetesformen	69
2.1.8.	Sekundarer, nicht erbbedingte Diabetesformen	73

3.	**Hypoglykämie-Syndrom (Unterzuckerungszustand, Zuckermangelkrankheit)**	75
3.1.	Verschiedene Stadien des Hypoglycämie-Syndroms	76
3.2.	Einteilung der Hypoglycamieformen	78
3.2.1.	Spontane Hypoglykamien	78
3.2.2.	Exogene Hypoglykamien (artefizielle oder medikamentöse Hypoglycämien)	78
	Anhang: Zur Behandlung hypoglykämischer Zustände	86
4.	**Fragensammlung**	89
	Literatur	91
	Sachverzeichnis	92

1. Nichtdiabetische Störungen im Kohlenhydrat-Stoffwechsel

Kohlenhydrate (Saccharide)*) haben im tierischen und menschlichen Organismus vielfältige und bedeutsame Funktionen zu erfüllen, sie stellen wichtige Substrate zur Energiegewinnung dar und spielen als Ausgangs- und Umwandlungsprodukte im intermediären Stoffwechsel eine große Rolle. Es ist daher nicht verwunderlich, wenn sich Störungen im Stoffwechsel dieser Substrate sowohl in chemischer Hinsicht als auch im Energiehaushalt krankhaft auswirken.

Nichtdiabetische Störungen im Kohlenhydrat-Stoffwechsel

I. Nichtdiabetische Glucosurien
II. Fructosurien, Lactosurien, Saccharosurie und Pentosurien
III. Galactosurien und Galactose-Krankheit
IV. Glycogen-Speicherkrankheiten (Glycogenosen)
V. Abweichungen der Glucosetoleranz im Alter
VI. Kohlenhydrat-Resorptionsstörungen (Malabsorptionen)

1.1. Nichtdiabetische Glucosurien (Nichtdiabetische Mellituren)

Zu den nichtdiabetischen Glucosurien, d. h. Glucoseausscheidungen im Harn, die ursächlich *nicht* mit dem Diabetes mellitus (Zuckerkrankheit) zusammenhängen, gehören die „Alimentäre Glucosurie", die „Renalen Glucosurien" und schließlich die „Reizglucosurien".

Nichtdiabetische Glucosurien

1. Alimentäre Glucosurie
2. Renale Glucosurien
   a) Echte renale Glucosurie (renaler Diabetes)
   b) Schwangerschaftsglucosurie (Schwangerschaftszucker)
3. Reizglucosurien

---

*) Da die *Kohlenhydrate* keine Hydrate des Kohlenstoffs sind, ist diese Bezeichnung falsch. Im internationalen Schrifttum wird diese Stoffklasse meist als „Saccharide" bezeichnet.

1.1.1. Alimentäre Glucosurie*)

Beim Stoffwechselgesunden kann nach Einnahme einer extrem großen Glucosemenge eine Glucoseausscheidung im Harn auftreten (Glucosurie). Im allgemeinen ist erst nach Verabreichung einer Glucosegabe von 400 g mit abnorm *erhöhten* Blutzuckerwerten zu rechnen, so daß die normale Nierenschwelle für Glucose überschritten wird und es zur latent auftretenden Glucosurie kommt. *Normale* Blutzuckerwerte, nach enzymatischen Methoden bestimmt, dürfen nach Glucosebelastung bis höchstens 180 mg/100 ml Blut (d. h. 180 Milliprozent = 180 m%) reichen. Die *Nierenschwelle für Glucose* liegt bei einer *Blutglucosekonzentration* von 160-180 mg/100 ml.

Leitsymptome der alimentären Glucosurie

a) Latent auftretende *Glucosurie* nach extrem hoher Zuckerzufuhr
b) Blutglucosegehalt erhöht
c) Glucosebelastungsprobe (mit 50 oder 100 g Glucose; S. 28) ergibt einen *normalen* Ablauf

1.1.2. Renale Glucosurien

a. Echte renale Glucosurie (renaler Diabetes)

Der selten auftretenden echten renalen Glucosurie liegt eine *Herabsetzung der Nierenschwelle für Glucose* zugrunde. Es handelt sich um eine Verminderung der tubulären Rückresorption (Reabsorption) der Glucose aus dem Primärharn (Glomerulumfiltrat). Die Nierenschwelle kann z. B. auf einen Blutglucosewert von 100 mg/100 ml Blut (= 100 m%) eingestellt sein. Aus der Bestimmung der Nierenclearance erhält man die Nierenschwelle für die verschiedensten Substanzen.

Leitsymptome der renalen Glucosurie

a) Dauernde oder latent auftretende *Glucosurie* bei *normalem oder erniedrigtem Blutglucosegehalt*
b) *Glucosurie und Blutzuckerspiegel* weitgehend *unabhängig* von der Höhe der Zuckerzufuhr

---

*) Abgeleitet vom lat. *alo, alere* = ernahren; alimentär, d. h. in Beziehung zur Ernahrung stehend.

c) *Glucosebelastungsprobe* (S. 28) ergibt – – im
Gegensatz zum Diabetes mellitus – – einen normalen
Ablauf
d) Glucosurie durch orale Antidiabetika oder Insulin
nicht beeinflußbar

Wegen der klinischen Harmlosigkeit wird diese Störung auch
„Glucosuria innocens" bzw. „Diabetes innocens" *) genannt. Beim
Typ A ist offenbar die tubuläre Rückresorption für Glucose in allen
Tubuli in gleicher Weise eingeschränkt, während beim *Typ B* nach
Reubi nur einzelne Nephronen die Glucose nicht rückresorbieren.
Der dominant erbliche, echte renale Diabetes führt vorübergehend zu *hypoglycämischen Zuständen* (s. „Symptomatische Hypoglycämien" S. 78), die durch genügende Zufuhr von Sacchariden
vermieden werden können. Bedrohlich wird der Zustand, wenn die
Glucosurie durch Vernachlässigung der Blutglucosebestimmung ver-
kannt und versehentlich Insulin injiziert wird, wobei es zu einem
bedrohlichen hypoglucämischen *Coma* kommen kann. Bei länger
anhaltender *Nahrungskarenz* (z. B. bei fieberhaften Erkrankungen,
im Hungerzustand) kommt es infolge des Energieverbrauchs zu erheblichen Saccharidverlusten, die mit der Herabsetzung der Nierenschwelle für Glucose zusammenhängen. Da eine Glucosurie bei normalem Blutglucosegehalt auch bei Diabetes mellitus vorkommen
kann, sollte man die Diagnose einer renalen Diabetesform erst nach
mehrfach vorgenommenen Glucosebelastungsproben als gesichert
ansehen (s. „Orale Glucose-Belastungsprobe" S. 29).
Symptomatische renale Glucosurien treten nicht nur bei Nieren-
steinleiden, Lipoidnephrosen und Glomerulonephritis auf. Noch
häufiger kommen sie bei den anderen Formen der Nephritis und
insbesondere als Folgezustand der chronischen Pyelonephritis, d. h.
bei der häufigsten Nierenerkrankung vor. Darüber hinaus wurden
renale Glucoserien nach tubularen Schädigungen, so wie als Folge
einer akuten Tubulusnekrose beobachtet.
Toxische renale Glucosurien (toxische renale Diabetesformen).
Zu diesen Formen gehört der experimentelle *Phlorrhizindiabetes*
(Phlorrhizinglucosurie), der nach Injektion eines in den Wurzel-
knollen von Kernobstbäumen vorkommenden Glycosids, des
Phlorrhizins (Phlorrhizin; Phlorizin), auftritt. Wahrscheinlich handelt es sich bei dieser Glucosurieform um eine Störung der für die
Rückresorption in den Nierentubuli notwendigen *Phosphory-
lierungsvorgänge* der Glucose. Das Phlorrhizin selbst wird im Orga-

---

*) innocens (lat.) = unschädlich

nismus wie andere Giftstoffe zur Entgiftung mit Glucuronsäure verestert und durch die Nieren ausgeschieden. Auch nach Einnahme von *Quecksilber-, Uran-* und *Chromsalzen* kommt es zu toxisch bedingten, renalen Glucosurien.

b) Schwangerschaftsglucosurie

Die Schwangerschaftsglucosurie (Schwangerschaftszucker), die bereits in den ersten Monaten der Schwangerschaft auftreten kann und im 9. Monat ihren Höhepunkt erreicht, gehört in den Formenkreis der *renalen Glucosurien*. Die Glucoseausscheidung im Harn ist meistens nicht sehr hoch; der Harnzucker beträgt täglich nicht mehr als 20 g. Acidose und Ketonurie kommen bei der Schwangerschaftsglucosurie nicht vor. Die Blutglucosekurve nach Glucosebelastung verläuft *normal*.

Die Schwangerschaftsglucosurie, die fälschlich auch als „Schwangerschafts-Diabetes" bezeichnet wird, ist streng abzutrennen von einer *diabetischen Glucosurie* bei echter Zuckerkrankheit (Diabetes mellitus), die mit erhöhtem Blutglucosegehalt und starkem Durstgefühl einhergeht. Beim Vorliegen eines beginnenden Diabetes während der Schwangerschaft ist eine sofortige Stoffwechselführung notwendig, um das Kind nicht zu gefährden.

Über *Lactosurie* in der Schwangerschaft s. S. 7.

1.1.3. Reizglucosurien

Es gibt latente Glucosurien, die durch Reizzustände in vegetativen Zentren verursacht werden. Wahrscheinlich handelt es sich um Nervenimpulse, die über das Zwischenhirn-Hypophysensystem und über den Sympathicus das Nebennierenmark (NNM) zu einer verstärkten Ausschüttung von Katecholaminen bzw. Brenzkatechinaminen (Adrenalin; Noradrenalin) stimulieren. Die Folge davon ist ein gesteigerter Glycogenabbau in der Leber und eine vermehrte Bildung und Abgabe von Glucose an das Blut, was wiederum zu einer Hyperglucämie und Glucosurie führt. Es ist experimentell nachgewiesen, daß sich durch Adrenalingaben (1/2-1 mg subc.) Hyperglucämien und Glucosurien flüchtiger Art hervorrufen lassen: *Adrenalinglucosurie*.

Leitsymptome der Reizglucosurien

a) Latente *Glucosurie*
b) *Blutglucosegehalt normal* oder *latent erhöht*
c) *Glucosurie unabhängig* von der Höhe der Zuckerzufuhr
d) *Glucosebelastungsprobe normal*

4

Für die Abhängigkeit der Reizglucosurien von nervlichen bzw. psychischen Erregungen spricht die Tatsache, daß Zuckerausscheidungen bei *Lebensversicherungs-* und *Musterungsuntersuchungen* auftreten. Es gibt auch psychisch bedingte Glucosurien nach *Unfällen* und außerdem ist die *Examensglucosurie* bekannt.

Auch *traumatische* und *toxische* Reizwirkungen auf vegetative Zentren können Reizglucosurien auslösen. Als Ursachen kommen in Frage: Gehirntrauma, Gehirnerschütterung, Gehirnblutung, Gehirntumor, entzündliche Prozesse (Meningitis, Encephalitis), Epilepsie im Stadium des Anfalls, ferner Pharmaka wie Kohlenoxid, Blausäure, Morphium, Narkotica, Äther (Diäthyläther), Chloroform, Strychnin, Fiebertoxine. Bekannt sind auch Reizglucosurien, die von Hormondrüsen ausgelöst werden: von der Hypophyse (bei Hypophysenadenom, Morbus Cushing, Akromegalie), von der Nebenniere und Schilddrüse (thyreotoxische Reizglucosurie bei Überfunktion der Schilddrüse).

Während der *Schwangerschaft* kann außer der eigentlichen Schwangerschaftsglucosurie, die in den Formenkreis der renalen Glucosurien gehört, auch eine Reizglucosurie auftreten, deren primäre Ursache in einer Reizwirkung der *Schwangerschaftstoxine* zu suchen ist.

1.2. Fructosurien, Lactosurien, Saccharosurien und Pentosurien

Außer Glucose können abnormerweise auch *Fructose* (Fruchtzucker, Lävulose), ferner *Lactose* (Milchzucker), *Saccharose* (Rohrzucker) und *Pentosen* (5-Kohlenstoffzucker) im Harn auftreten. Alle diese Störungen des Saccharid-Stoffwechsels stellen mit einigen Ausnahmen gutartige Zuckerausscheidungen dar, die ebenso wie die alimentäre Glucosurie mehr *differentialdiagnostisch* wichtig sind, weil sie von einer *diabetischen Glucosurie* unterschieden werden müssen.

1.2.1. Fructosurien

Bei Einnahme einer sehr großen Menge von Fructose auf einmal (50—100 g) oder des Polysaccharids der Fructose, des Inulins, tritt beim Stoffwechselgesunden entweder gar keine Fructose oder nur eine Spur von Fructose im Harn auf. Ist aber die Fähigkeit der *Leber* zur Umwandlung der Fructose in Glycogen vermindert oder aufgehoben, dann wird die aufgenommene Fructose in größerer Menge im Harn wieder ausgeschieden: *Fructosurie* (Lävulosurie). Auf diesem Verhalten beruht eine Funktionsprobe der Leber (Fructose-Belastungsprobe).

Es werden zwei erbliche Formen von Fructosurien
unterschieden:
a) *Essentielle Fructosurie* (benigne Fructosurie)
b) *Fructoseintoleranz*

a. Essentielle Fructosurie (benigne Fructosurie)

Bei dieser sehr selten vorkommenden, rccessiv erblichen Stoffwechselanomalie kann der Organismus die *Fructose* (Fruchtzucker) nicht genügend
verwerten, so daß der mit der Nahrung aufgenommene Fruchtzucker teilweise wieder im Harn erscheint. Diese Art von Fructosurie gehort zu den
Enzymopathien, d. h. zu den Enzymstorungen, die durch einen angeborenen
Enzymmangel verursacht werden. Es liegt ein *Mangel an Fructokinase* (Ketokinase) vor, die unter Mitwirkung von Adenosin-Triphosphat (ATP) die Fructose in der Leber in das für die Weiterverarbeitung des Zuckers notwendige
Fructose-1-phosphat uberführt (s. „Sonderstellung von Fructose beim Diabetes S. 41).

b. Fructoseintoleranz

Diese auch selten vorkommende Storung des Fructose-Stoffwechsels-
wurde zuerst von *Froesch* u. Mitarb. 1957 beobachtet und von *Wolff* biochemisch untersucht und als *hereditare Fructoseintoleranz* bezeichnet.

Charakteristisch ist bei dieser Storung, daß nach peroraler Fructosebe-
lastung außer der *Fructosurie* auch ein krankhafter *Anstieg des Fructosege-
haltes* im Blut auftritt, der von einer *Hypoglucamie* begleitet ist.

Der Enzymopathie liegt ein *Mangel* des Enzyms in der Leber zugrunde,
das Fructose-1-phosphat direkt in Triosen (Glycerinaldehyd und Dihydro-
xyaceton-phosphat spaltet; es handelt sich um die *Fructose-1-phosphat-
Aldolase*. Durch die Anreicherung von Fructose-1-phosphat wird in der
Leber auch die Aktivität der Fructose-1,6-diphosphat-Aldolase vermindert,
so daß die Gluconeogenese (Neubildung von Glucose aus Nichtsacchariden)
und der Abbau von Glycogen gehemmt ist. Dadurch kommt es nach Verabreichung von Fructose zu einem raschen Abfall des Glucosegehaltes im
Blut, d. h. zu einer *Hypoglycamie*. Bei der Fructoseintoleranz ist demnach
primar der Fructose-Stoffwechsel und *sekundar* auch der Glucose-Stoffwechsel gestort (s. Abbauwege von Glucose und Fructose S. 37, Abb. 9).

Als Begleiterscheinung der Fructoseintoleranz werden *Aminoacidurien*,
d. h. krankhafte Ausscheidungen von Aminosauren im Harn beobachtet.

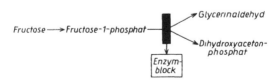

Abb. 1: Enzymblock bei hereditarer Fuctoseintoleranz

6

1.2.2. Lactosurien

Das Auftreten von Lactose (Milchzucker) im Harn kommt regelmäßig während der *Schwangerschaft* und in der *Lactationsperiode* vor, woraus sich die Bezeichnungen „Schwangerschafts-Lactosurie" und „Schwangerschaftszucker" ergeben. Auch nach Einstellen des Stillens kann infolge der Rückbildung des Brustdrüsengewebes die Lactosurie in Erscheinung treten. Als *Ursache* dieser physiologischen Stoffwechselvorgänge nimmt man eine Diffusion von Lactose aus den Milchdrüsen in das Blut an. In der *Blutbahn* kann das Disaccharid *nicht* verwertet werden und wird deshalb durch die Nieren ausgeschieden. Die Schwangerschafts-Lactosurie muß von einer *diabetischen Glucosurie* streng unterschieden werden. Unter der bei Säuglingen auftretenden und ohne Lactosurie einhergehenden *Lactoseintoleranz* (Alactasie) versteht man eine enterale Enzymopathie, die auf einem Mangel des Enzyms Lactase im Darmsaft beruht.

Da Lactose *reduzierend* wirkt, geben alle auf Reduktionswirkung beruhenden unspezifischen chemischen Nachweismethoden (Nylander, Trommer) einen *positiven* Ausfall. Bei den enzymatischen Methoden (Teststreifenmethoden) kommen spezifische Enzymreaktionen zur Anwendung. Der auf Galactose spezifisch eingestellte Test fällt nur bei Anwesenheit dieses Disaccharides positiv aus. Zum Unterschied von Glucose und Fructose gibt Lactose mit Bierhefe eine *negative Gärprobe*.

1.2.3. Saccharosurien

Eine vorübergehende Saccharosurie kann gelegentlich auf Grund alimentärer oder stoffwechselchemischer Ursachen auftreten. Bei der echten *Zuckerkrankheit* (Diabetes mellitus) wird keine Saccharose (Rohrzucker), sondern *Glucose* im Harn ausgeschieden. Bei Säuglingen und Kleinkindern kommt die mit Durchfällen einhergehende *Saccharoseintoleranz* vor, bei der ein Mangel des Enzyms Saccharase im Darmsaft vorliegt. Nach Verabreichung von Saccharose kommt es nicht zu einer Hyperglucämie, wohl aber nach Fructose- und Glucosezufuhr. Eine Saccharosurie tritt nicht auf. Im Stuhl findet sich ein hoher Milchsäuregehalt.

Die üblichen *Reduktionsproben* fallen bei Anwesenheit von Saccharose *negativ* aus. Die *Gärprobe* mit Hefe ist bei Saccharose wie bei den Monosacchariden *positiv*, da der Zucker vor der Gärung durch Hefeenzyme in Glucose und Fructose aufgespalten wird.

7

1.2.4. Pentosurien

Je nachdem, ob eine Pentosurie, d. h. eine Ausscheidung von
5-C-Zuckern im Harn, *vorübergehend* nach reichlicher Zufuhr von
Pentosen auftritt oder *dauernd* und unabhängig von der Nahrungszufuhr, unterscheidet man zwei Typen:

Einteilung der Pentosurien

a) Alimentäre Pentosurie
b) Essentielle Pentosurie

a) *Alimentäre Pentosurie.* Dieser Typ von Pentosurie tritt nach
reichlichem Genuß pentosereicher Früchte (Pflaumen, Kirschen,
Beeren) oder von Produkten auf, die aus derartigen Früchten herge-
stellt sind (z. B. Süßmost, Beerenwein). Bei dieser Stoffwechselstörung werden vor allem das optisch inaktive Racemat der *Arabinose* und die *Xylulose* (Ketoxylulose) im Harn ausgeschieden, die
aus den Pflanzen-Polysacchariden (Pentosanen) stammen. Normalerweise werden die Pentosen im intermediären Stoffwechsel vor allem in der Leber im Pentosephosphat-Cyclus rasch abgebaut. Nur
wenn die zugeführte Menge zu groß ist, dann kommt es zur Ausscheidung von Pentosen durch die Nieren (Arabinosurie; Xylulosurie).

b) *Essentielle Pentosurie.* Bei dieser Störung liegt eine *dauernde*
Pentosurie vor, die nicht direkt mit der Nahrungsaufnahme zusammenhängt. Es werden *L-Xylulose* und auch *L-Arabit* im Harn ausgeschieden. Diese Stoffwechselanomalie beruht auf einem *Enzymmangel* (Enzymblock), der auf eine *Erbanomalie* zurückgeführt
wird. Nach *Hollmann* fehlt das Enzym, das die notwendige Umlage-
rung von L-Xylulose offenbar über Xylit in D-Xylulose ermöglicht.
Normalerweise wird die *L-Xylulose* zum fünfwertigen Alkohol
Xylit reduziert (siehe Strukturformel). Der Xylit kann in D-Xylulose übergehen, die phosphoryliert als D-Xylulose-5-P (P = Phosphat) in einen Nebenweg des Saccharidabbaus, den *Horecker-Cyc-
lus* (Pentosephosphat-Cyclus; s. Abb. 3) eingeschleust wird.
Xylose ist die aus dem fünfwertigen Alkohol Xylit entstehende
Aldopentose; die Ketopentosen werden allgemein durch die Endung
−ulose gekennzeichnet, daher die Bezeichnung *Xylulose* für die
der Xylose entsprechende Ketopentose. Über die „Sonderstellung
des Xylits beim Diabetiker s. S. 41.
Noch ungeklärt ist die Ausscheidung des fünfwertigen *L-Arabit*
bei der essentiellen Pentosurie. Die sonst symptomlos verlaufende
Stoffwechselanomalie ist harmlos, wenn sie nicht durch einen Le-
berschaden verursacht wird.

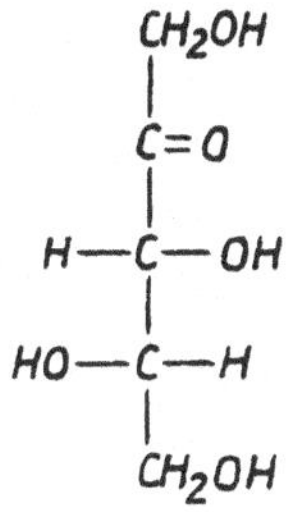

$$CH_2OH$$
$$|$$
$$C=O$$
$$|$$
$$H-C-OH$$
$$|$$
$$HO-C-H$$
$$|$$
$$CH_2OH$$

L-Xylulose
(Ketoxilulose der
L-Reihe)

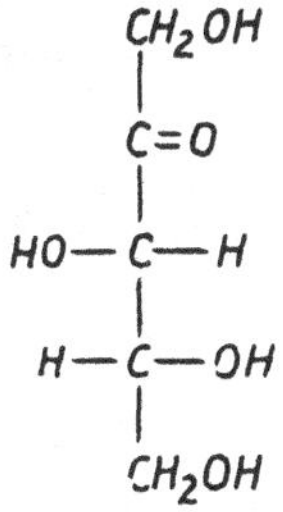

$$CH_2OH$$
$$|$$
$$C=O$$
$$|$$
$$HO-C-H$$
$$|$$
$$H-C-OH$$
$$|$$
$$CH_2OH$$

Xylit
(fünfwertiger Alko-
hol oder Pentit)

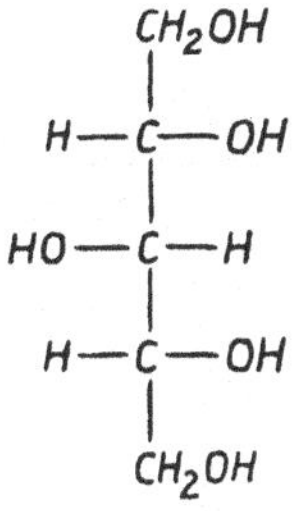

$$CH_2OH$$
$$|$$
$$H-C-OH$$
$$|$$
$$HO-C-H$$
$$|$$
$$H-C-OH$$
$$|$$
$$CH_2OH$$

D-Xylulose
(Ketoxilulose der
D-Reihe)

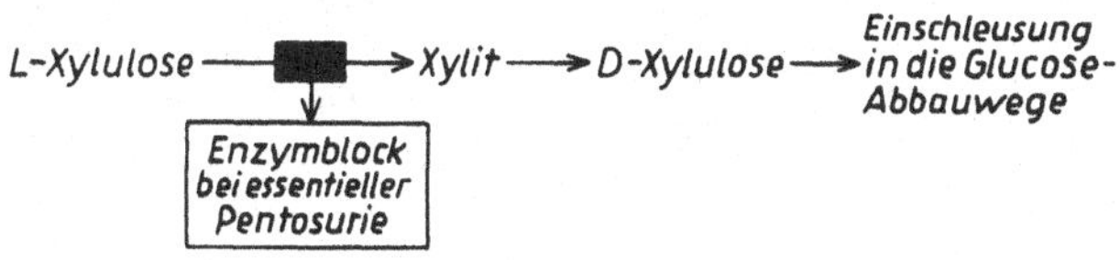

L-Xylulose ———→ Xylit ——→ D-Xylulose ——→ *Einschleusung in die Glucose-Abbauwege*

Enzymblock
bei essentieller
Pentosurie

Abb. 2: Enzymblock bei essentieller Pentosurie

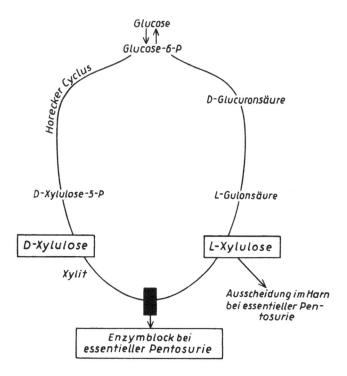

Abb. 3: Stoffwechselprodukte beim Glucuronsäure-Xylulose-Cyclus
(s. Text) P = Phosphat

1.3. Galactosurien und Galactose-Krankheit

a) Galactosurien. Normalerweise wird die Galactose zum größten Teil in der Leber in phosphorylierte Glucose umgewandelt, die in die Abbauwege der Glucose eingeschleust werden kann (Abb. 4). Wenn größere Mengen von Galactose aufgenommen werden, dann kommt die Leber mit der Umwandlung von Galactose in Glucose nicht nach, so daß vorübergehend der Galactosegehalt des Blutes ansteigt und Galactose durch die Nieren ausgeschieden wird: *Alimentäre Galactosurie.*

b) Galactose-Krankheit (Galactosämie I und II). Im Gegensatz zur harmlosen alimentären Galactosurie stellt die bei Neugeborenen, Säuglingen und Kleinkindern in Erscheinung tretende Galactose-Krankheit eine ernste Stoffwechselstörung dar. Diese rezessiv *erbliche* Anomalie wird auch als *angeborene Galactosämie, Neugeborenen-Galactosämie und Galactose-Diabetes* bezeichnet.

Es gibt *2 Arten* von Galactose-Krankheiten: Bei der *Galactosämie* fehlt die Aktivität des Enzyms *Galactokinase,* das normalerweise in der 1. Stufe des Galactoseumsatzes die Galactose zu Galactose-1-phosphat phosphoryliert (Abb. 4). Der *Galactosämie II* liegt ein Mangel des in den Erythrocyten und in der Leber vorkommenden *Transferase-Enzyms* (Uridyltransferase; genauer Galactose-1-phosphat-Uridyl-Transferase; Gal-1-PUT) zugrunde, so daß die 2. Stufe, nämlich die durch Austausch der Zuckermoleküle erfolgende Umwandlung von *Galactose*-1-phosphat in UDP-Galactose ausfällt.

Bei den Galactose-Krankheiten werden Galactose bzw. Galactose-1-phosphat nicht weiter abgebaut und häufen sich im Körper und im Blut an; es kommt zur *Galactosämie* und *Galactosurie.* Außerdem treten als Begleiterscheinungen *hypoglykämische* Zustände und Aminoacidurien auf.

Das Nucleotid *Uridintriphosphat* (UTP) gehört wie Adenosintriphosphat (ATP) zu den gruppenübertragenden Coenzymen. Das UTP kann anstelle des 3. Phosphatrestes ein *Zucker*molekül (z. B. Galactose) in energiereicher Bindung aufnehmen und Uridindiphosphat-Galactose (UDP-Galactose) bilden. Nur in dieser Form, als „aktivierte" Galactose kann das Saccharid weiter umgesetzt und abgebaut werden. In der 3. Stufe des Umwandlungsprozesses wird mittels eines *Epimerase-Enzyms* die UDP-*Galactose* in UDP-*Glucose* umgewandelt. Die 4. Stufe umfaßt die Umwandlung in Glucose-1-phosphat und durch das Enzym Phosphoglucomutase in Glucose-6-phosphat, das schließlich in die verschiedenen Abbauwege der Glucose eingeschleust wird (Abb. 4).

Die im Körper angestaute Galactose und das Galactose-1-phosphat wirken in hohen Konzentrationen *toxisch.* Bei den betroffenen Kindern ist die geistige Entwicklung gestört, es tritt Schwachsinn (Oligophrenie) auf, ferner kann es zu fettiger Infiltration der Leber, zu Lebercirrhose und Kataraktbildung kommen. Da auch eine Unverträglichkeit gegenüber galactosehaltiger Lactose (Milchzucker) besteht, gedeihen Säuglinge bei normaler Milchernährung *nicht,* dagegen bei milchfreier, d. h. galactosefreier Kost. Unter diesen Bedingungen bessert sich allmählich die Stoffwechselstörung. Im Laufe von Jahren bildet sich langsam eine spezifische Uridyl-Pyrophosphorylase, die eine Umgehungs-Reaktion ermöglicht, so daß auch ohne Uridyltransferase Galactose-1-phosphat in Uridyldiphosphat-Galactose übergehen kann.

11

Wichtig ist die *frühzeitige Erkennung der Galactose-Krankheit* durch Nachweis der Galactosurie bzw. Galactosämie, weil nur durch eine rechtzeitige *galactosefreie Ernährung* schwere Verlaufsformen der Krankheit mit Dauerschäden vermieden werden können.

1.3.1. Galactose-Belastungsprobe

Da der Umbau der Galactose fast ausschließlich an die Tätigkeit der Leberzellen gebunden ist, hat sich hieraus in der *Galactose-Belastungsprobe* eine Leberfunktionsprobe ergeben.

Es wird entweder die Harnausscheidung an Galactose geprüft (Benedict-Probe; Clinitest; papierchromatographischer Nachweis) oder im *Galactosämie-Test* der Galactosegehalt im Blut bestimmt.

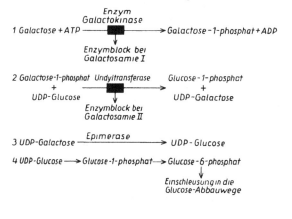

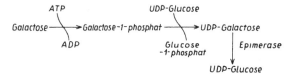

Abb. 4: Umwandlung von Galactose in Glucose; Enzymblockierungen bei Galactose-Krankheit (Galactosämie I u. II s. Text) (ATP = Adenosintriphosphat; ADP = Adenosindiphosphat; UDP = Uridindiphosphat)

Nach *Mehnert* gibt man morgens nüchtern 100 g Galactose in
400 ml Flüssigkeit gelöst. Nach 170 Min. gelten 150 mg % Blut-
galactose und nach 150 Min. 175 mg % als obere Normalwerte. Die
Ergebnisse dieser Probe stimmen mit denen des Bromthalein-Tests
gut überein.

1.4. Glycogen-Speicherkrankheiten (Glycogenosen)

Das Glycogen, das vorwiegend in Leber und Muskulatur als
Saccharidreserve gespeichert wird, besteht chemisch aus Gluco-
pyranose-Einheiten und weist im Gegensatz zur Pflanzenstärke
einen hohen Verzweigungsgrad mit Seitenketten auf. Störungen im
Gleichgewicht zwischen Aufbau und Abbau des Glycogens führen
zu einer pathologisch gesteigerten Glycogenspeicherung in Leber,
Skelett- und Herzmuskulatur, in den Nieren, im Zentralnervensys-
tem und in anderen Körperzellen.

Den rezessiv *erblichen* Glycogen-Speicherkrankheiten liegen
Enzymdefekte (Enzymopathien) zugrunde und je nachdem welches
Enzym in erster Linie im Glycogenabbau ausfällt, unterscheidet
man *zehn biochemisch verschiedene Typen*, von denen die sechs
wichtigsten im folgenden besprochen werden:

Sechs verschiedene Typen von Glycogenosen

Typ I: Hepatorenale Glycogenose (von *Gierke*- van
         *Crefeld*sche Krankheit)
Typ II: Generalisierte Glycogenose (*Pompe*sche
         Krankheit)
Typ III: Grenzdextrinose (*Forbes*'sche Krankheit)
Typ IV: Amylopectinose (*Andersen*sche Krankheit)
Typ V: Muskuläre Glycogenose (nach *Mc Ardle*)
Typ VI: Leber-Phosphorylase-Glycogenose (nach
         Hers)

Typ I. Hepatorenale Glycogenose (von *Gierke*- van *Crefeld*sche
Krankheit)

Diese von dem Physiologen *v. Gierke* erstmals 1929 beschriebene Glycogenose ist die häufigste Form der Glycogenspeicherkrankheiten. Bei diesem rezessiv erblichen, ausschließlich im Kin-
desalter vorkommenden Leiden handelt es sich um eine Abbaustö-
rung des Glycogens, die zu perilobären Glycogen-Speicherungscir-
rhosen und Steatosen der Leber führt, sowie zu Glomerulonephro-
sen mit Glycogen- und Fettablagerungen im Bereich der proxima-

13

len Tubuli der Nieren. Daher die Bezeichnung *hepatorenale Glycogenose*. Da bei dieser Stoffwechselstörung die Glycogenspeicher dem Saccharidstoffwechsel *nicht* zur Verfügung stehen und nicht mobilisiert werden können, kommt es zu *Hypoglucämien* (Unterzuckerungszuständen).

Die Krankheit ist durch einen *Enzymmangel* (Enzymblock) bedingt. Es fehlt die Wirkung des Enzyms *Glucose-6-phosphatase*, das für die Spaltung des Glucose-6-phosphats in Glucose und Phosphat verantwortlich ist (Abb. 5). Das Glycogen kann nicht mehr als Glucose dem Organismus zur Verfügung gestellt werden. Durch die Unterbrechung des Hauptabbauweges des Glycogens zu Glucose ist auch das Gleichgewicht der anderen Abbauwege des Glycogens gestört. Der Aufbau des Glycogens und auch die Glycogenstruktur sind bei diesem Leiden normal. Als Folge der Glycogenspeicherung kommt es zu krankhaften Veränderungen der Speicherzellen mit Beeinträchtigung des befallenen Organs (Speichercirrhose, Glomerulnephrose).

Reihenfolge der pathophysiologischen Vorgänge

Enzymmangel → Stoffwechselstörung → Glycogenspeicherung → Veränderung der Zellform und Organstörung

Die *Milz* ist bei dieser Erkrankung *nicht* vergrößert, dagegen liegen immer eine Lebervergrößerung (Hepatomegalie) und vergrößerte Nieren vor. Wegen der Unterbrechung des Glycogenabbaus ist auch die für die Aufrechterhaltung des Blutzuckerspiegels notwendige Glycogenmobilisierung in der Leber gestört. Daher ist der *Blutzucker erniedrigt* und die *Hypoglycämie* stellt ein charakteristisches Symptom der Krankheit dar. Es können auch *hypoglycämische Anfälle* (s. Kapitel: Hypoglucämie-Syndrom S. 76), ferner Acidose und Ketonurie auftreten. Durch Zufuhr von Adrenalin oder Glucagon (Adrenalin- bzw. Glucagon-Test) erreicht man *keine* Blutzuckererhöhung, weil die Glycogenspeicher *nicht mobilisiert*

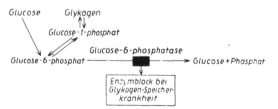

Abb. 5: Enzymblock bei hepatorenaler Glycogenose

14

werden können. Es besteht eine Insulin-Überempfindlichkeit und die *Glucose-Belastungsprobe* (Glucose-Test) zeigt einen *diabetischen Verlauf*. Da die Stoffwechselstörungen schon von Geburt an wirksam sind, geht die Krankheit mit körperlichen und geistigen Entwicklungsstörungen einher. Infolge des kompensatorischen stärkeren Fettumsatzes besteht eine ausgeprägte *Transport-Hyperlipämie*.

Typ II. *Generalisierte Glycogenose* (*Pom*pesche Krankheit)

Dieser Glycogenosetyp geht mit Glycogenablagerungen in allen Organen einher und stellt die schwerste, praktisch immer tödlich verlaufende Form der Glycogenspeicherkrankheiten dar. Nach dem klinischen Erscheinungsbild unterscheidet man die *cardiale* Form mit enorm großem Herzen (Cardio megale) und die *neuromuskuläre* Form mit Hypotonie, fibrillären Zuckungen der Sklettmuskulatur, dazu kommen spastische und bulbäre Zeichen. Die Neigung zu Hypoglucämie ist gering.

Diese Glycogenoseform wird auf einen *Mangel des Enzyms α-Glucosidase* (1,4-Glucosidase) zurückgeführt, die am Glycogenabbau mitwirkt. Da im allgemeinen Hypoglucämien fehlen, ferner der Adrenalin- und Glucagon-Test normal ausfallen, könnte auch eine gesteigerte Glycogensynthese die Krankheit verursachen.

Typ III. *Grenzdextrinose* (nach *Forbes*)

Bei diesem seltenen, rezessiv erblichen Typ wird auf Grund eines *Enzymmangels* (Amylo-1,6-Glucosidase) ein *Glycogen von abwegiger Struktur* gespeichert, das als Fremdkörper wirkt. Diese erstmals von *Forbes* beschriebene Glycogenose ist relativ gutartig und führt nach der Pubertat häufig zur Heilung. Die Bezeichnung Grenzdextrinose ist damit begründet, daß das abwegige Glycogen chemisch ein hochmolekulares „Grenzdextrin" darstellt

Typ IV. *Amylopectinose* (nach *Anderson*)

Auch bei diesem von *Anderson* 1956 beschriebenen Krankheitsbild wird auf Grund eines Enzymdefektes ein in der Leber als Fremdkörper wirkendes, pathologisches Glycogen von Amylopectinstruktur aufgebaut. Nach bisherigen Untersuchungen fehlt die Amylo-1,4-1,6-Transglucosidase. Die Erkrankung führt zu Lebercirrhose mit Ikterus und Ascites.

15

Typ V. Muskuläre Glycogenose (nach *Mc Ardie*)

Die erste Beschreibung dieses Glycogenosetyps erfolgte 1951 durch *Mc Ardie*. Die Glycogenspeicherung betrifft ausschließlich die *Skelettmuskulatur* und führt zu rascher Ermüdbarkeit, Schwäche und Schmerzen der Muskulatur. Der Erbgang ist recessiv. Ursächlich besteht eine mangelnde Wirkung der *Muskel-Phosphorylase* (Myophosphorylase).

Typ VI. Leber-Phosphorylase-Typ (nach *Hers*)

Diese 1962 erstmals von *Hers* beschriebene Form der Glycogenose äußert sich in einer isolierten Glycogenspeicherung in der Leber, nicht aber in der Muskulatur. Der Verlauf ist gutartig und führt im Pubertätsalter zu Besserungen. Auch dieser Erkrankung liegt ein Mangel eines Enzyms, der *Leber-Phosphorylase* zugrunde. Die Vererbung ist inkomplett dominant.

> *Zusammenfassung*
>
> An erblichen, *nichtdiabetischen* Störungen des Kohlenhydrat-Stoffwechsels sind bekannt:
> 1. Essentielle Pentosurie (S. 8)
> 2. Galactose-Krankheit (S. 10)
> 3. Glycogen-Speicherkrankheiten (S. 13)

1.5. Abweichungen der Glucosetoleranz im Alter

Der Alterungsprozeß hat einen so tiefgreifenden Einfluß auf die Glucosetoleranz, daß der Ablauf einer Blutzuckerkurve nach Glucose-Belastung im Alter anders verläuft als in niederen Altersklassen. Dieses Verhalten, das *nicht* mit einer echten Zuckerkrankheit zusammenhängt, ist als Ausdruck einer mit zunehmendem Alter *reduzierten Glucose-Verwertung* und einer beeinträchtigten Blutzucker-Regulation anzusehen.

Die Arbeitsgruppe von *Anders* und auch *Studer* u. Mitarb. („*Basler*-Studie"), die große Reihenuntersuchungen mit Glucose-Belastungen durchführten, kommen zu dem Ergebnis, daß annähernd eine lineare Beziehung zwischen Alter und Blutzuckergehalt besteht. Die üblichen *Normalwerte* für Nüchtern- und Belastungsblutzucker gelten nur für die Altersgruppe bis zum 45. Lebensjahr. Im folgenden werden normale *Maximalwerte* für *Nüchtern- und Belastungs-Blutzucker für drei Altersgruppen* aufgeführt. Der Belastungsblutzucker wurde zwei Stunden nach der Einnahme von 100 g Glucose ermittelt.

Tab. 1: Normale Maximalwerte für drei Altersgruppen (mg Glucose in 100 ml Kapillarblut)

	Nüchternblutzucker	Belastungsblutzucker
1. Altersgruppe bis zum 45. Lebensjahr	105	130
2. Altersgruppe vom 45.–64. Lebensjahr	115	140
3. Altersgruppe jenseits des 65. Lebensjahres	125	170

Für die Herabsetzung der Glucosetoleranz im Alter wird nicht ein wirklicher Insulinmangel, sondern eher eine *verringerte Insulinempfindlichkeit* der peripheren Gewebe verantwortlich gemacht. Die altersbedingten Veränderungen im Saccharid-Stoffwechsel müssen von einem *latenten* oder manifesten *Diabetes mellitus* mittels geeigneter Belastungsproben abgetrennt werden.

Herzinfarkt und Glucosurien. Nach Herzinfarkten treten häufig Hyperglykämien und Glucosurien auf, bei denen folgende Ursachen in Frage kommen: Entweder es handelt sich um eine durch das akute Geschehen des Myokardinfarktes ausgelöste krankhafte Blutzucker-Regulation oder was meistens der Fall ist, es lag bereits ein *latenter Diabetes* vor, der durch den als Streß zu betrachtenden Herzinfarkt auf Grund einer vermehrten Cortisol-Ausscheidung *manifest* geworden ist. Andererseits kann auch ein noch nicht erkannter Diabetes vorgelegen haben, der die Präposition für den Myokardinfarkt geschaffen hat. Diese Zusammenhänge erklären das häufig gleichzeitige Auftreten von Herzinfarkten und Glucosurien bzw. Diabetes mellitus.

1.6. Kohlenhydrat-Resorptionsstörungen (Kohlenhydrat-Malabsorptionen)

Den Übertritt der Nahrungsbestandteile vom Dünndarmlumen in das Lymph- und Kapillarsystem der Darmwand nennt man intestinale *Resorption* oder nach der angelsächsischen Literatur intestinale *Absorption*. Alle drei Hauptnährstoffe − Kohlenhydrate

(Saccharide), Eiweißstoffe und Fette – müssen vor der Resorption enzymatisch zerlegt werden, ein Vorgang, der als *Verdauung* oder *Digestion* zusammengefaßt wird.

> *Störungen der Resorption,* denen die verschiedensten Ursachen zugrunde liegen, bezeichnet man als *Fehlresorptionen oder Malabsorptionen,* während Störungen der Verdauung *Fehlverdauung oder Maldigestion* heißen.

Bei der *intraluminären Verdauungsphase* werden Polysaccharide vorwiegend zu Disacchariden aufgespalten. Der letzte Abschnitt der Kohlenhydratverdauung geschieht durch die im Bürstensaum des Dünndarmepithels lokalisierten Disaccharidasen (Maltase, Isomaltase, Saccharase, Lactase); es ist die *intrazelluläre Verdauungsphase.* Das Fehlen von Disaccharidasen im Bürstensaum des Dünndarmepithels ist vielfach die Ursache von Fehlresorptionen.

Aktiver Transportmechanismus (Carrier-Mechanismus). Die Resorption der Monosaccharide erfordert einen aktiven Transportmechanismus, der auf folgendem beruht: Durch Kopplung mit einem Träger (*Carrier*) wird der Durchtritt einer lipoidunlöslichen Substanz durch die Lipoidmembran, d. h. vom Extra- nach dem Intrazellularraum möglich. Beim einfachen Carrier ist der Ausdruck „Fahrboot-Mechanismus" (*Ferry*-boat-Mechanismus) angebracht, weil der Carrier wie eine Fähre auf der einen Seite der Membran mit dem Substrat beladen und auf der anderen Seite bzw. am anderen Ufer wieder entladen wird.

Im Gegensatz zu dieser erleichterten Diffusion müssen beim „Bergauftransport" energiereiche Verbindungen mithelfen. Auf beiden Seiten der Membran steht jeweils ein Enzym zur Verfügung: Enzym A entspricht einer Kinase, Enzym B einer Phosphatase. Das eine der beiden Enzyme erhält durch Phosphorylierung eine höhere Affinität zum Substrat, wodurch ein gerichteter Transport ermöglicht wird.

Prinzipiell kann eine *Malabsorption* bedingt sein durch Enzymmangel, durch Alterationen der Darmepithelien auf Grund von vaskulären Störungen oder Beeinträchtigungen des Lymphabflusses und schließlich durch schwere anatomische Läsionen der Dünndarmwand.

Folgende Resorptionsstörungen sind genauer bekannt:

Kombinierte Glucose-Galactose-Malabsorption
(Glucose-Galactose-Resorptionsstörung)

Es gibt eine angeborene Resorptionsstörung, bei der Glucose und Galactose nicht mehr *aktiv* im Darm resorbiert werden. Diese beiden Saccharide können nur noch passiv die Darmwand passieren, ein Vorgang, der nur sehr langsam und in untergeordnetem Maß abläuft. Meist ist diese Resorptionsstörung mit einem *renalen Diabetes* gekoppelt, d. h. die tubuläre Rückresorption von Glucose in der Niere ist ebenfalls gestört. Fructose kann bei diesem Typ von Resorptionsstörung noch gut im Darm aufgenommen werden.

Isolierte Galactose-Malabsorption
(Galactose-Resorptionsstörung)

Bei dieser Resorptionsstörung handelt es sich um eine isolierte Störung der Galactose-Resorption. Diese Art von Störung spricht dagegen, daß Glucose und Galactose durch den gleichen Träger *(Carrier)* transportiert werden.

Disaccharid-Malabsorptionen
(Disaccharid-Resorptionsstörungen)

Von den Disaccharid-Resorptionsstörungen kommt die *Lactose-Malabsorption* am häufigsten vor. Man unterscheidet eine *angeborene* und eine *erworbene* Form.

Bei der *Saccharose-Isomaltose-Malabsorption* fehlen Maltase 3, 4 und 5 gemeinsam. Im Vordergrund der Störung steht die Malabsorption für Saccharose. Die Isomaltose als Spaltprodukt der Stärke hat nur eine untergeordnete Bedeutung.

Bei allen Saccharid-Resorptionsstörungen kann es zu osmotisch bedingten Durchfällen kommen, die beim Weglassen der Saccharide aufhören. Die nicht resorbierten Disaccharide werden im Dickdarm bakteriell aufgespalten, es entstehen Milchsäure und flüchtige Säuren, die dem Stuhl eine saure Reaktion verleihen.

2. Diabetes-mellitus-Syndrom

Wegen der am längsten bekannten und hervorstechenden Symptome des Diabetes — die Hyperglykämie und Glucosurie — hat man die Erkrankung ursprünglich *nur* als Störung des Kohlenhydrat-Stoffwechsels angesehen. Es hat sich aber erwiesen, daß die Zuckerkrankheit mit einer Störung des Gesamtstoffwechsels verbunden ist, an der außer dem Kohlenhydrat-Stoffwechsel auch der Fett- und Eiweiß-Stoffwechsel beteiligt sind. Je nach dem Stadium der Erkrankung tritt ein Komplex von Symptomen auf, so daß man von einem Diabetes-mellitus-Syndrom sprechen kann.

Klassifikation des Diabetes nach der Pathogenese

Primärer und sekundärer Diabetes

Einteilung des Diabetes nach der Pathogenese:

  I. Primärer, erbbedingter (genetischer) Diabetes (s. unten)
 II. Sekundärer, nicht erbbedingter Diabetes (Besprechung auf S. 73)

2.1. Primärer, erbbedingter Diabetes mellitus

Definition des primären Diabetes

Der menschliche *primäre Diabetes mellitus* (Morbus diabeticus) ist eine auf erblicher Basis entstehende und zugleich umweltbedingte chronische Stoffwechselstörung, die auf einem *relativen oder absoluten Mangel an Insulin* beruht. Durch den Insulinmangel werden sowohl der Kohlenhydrat- als auch der Fett- und Eiweiß-Stoffwechsel in Mitleidenschaft gezogen.

Zuerst kommt es beim Diabetes zu einer *mangelhaften Insulinwirkung* im peripheren Gewebe und im weiteren Verlauf der Erkrankung entwickelt sich aus dem *relativen* Insulindefizit ein *kompletter Insulinmangelzustand.*

Diabeteshäufigkeit. Nach der Früherfassungsaktion im Frühjahr 1967 in München ergab sich, daß 2 % der Bevölkerung aller Altersklassen an einem bereits bekannten manifesten Diabetes leiden. Hierzu kommt knapp 1 % der Bevölkerung mit einem noch unentdeckten manifesten Diabetes, so daß im Gesamten mit 3 % Diabetikern zu rechnen ist. Bei einer Intensivierung der Untersuchungsaktionen mit Einführung der Glucosetoleranztests wird angenommen, daß eine Diabeteshäufigkeit von 10-14 % erreicht wird, wobei

Jugendliche und Diabetes-Vorstadien mitgerechnet sind. Ähnliche Verhältnisse liegen in den meisten anderen europäischen Ländern vor.

2.1.1. Drei Diabetes-Stadien

Es sind verschiedene Einteilungen des Diabetes aufgestellt worden, die wissenschaftliche und praktische Gesichtspunkte berücksichtigen. In der klinischen Praxis hat sich die einfache Einteilung in *drei Diabetes-Stadien* bewährt:

1. *Praediabetes* (auch potentieller Diabetes)
2. *Latenter Diabetes* (auch subklinischer oder chemischer Diabetes). Unterform: Asymptomatischer Diabetes
3. *Manifester oder klinischer Diabetes*

Praediabetes und latenter Diabetes sind Vorstadien, die nach *E. F. Pfeiffer* auch als *Protodiabetes* zusammengefaßt werden (in Anlehnung an das lateinische „Proteus", das Wandelbare). Diese Sammelbezeichnung der Vorstadien wird damit begründet, daß die auf dem Boden der verschiedenen Belastungstests getroffene Klassifikation außerordentlichen Schwankungen unterworfen ist. Vor allem lassen sich beim übergewichtigen Protodiabetiker allein durch Gewichtsreduktion (z. B. durch Nulldiät) eine vollständige Normalisierung des Stoffwechsels erreichen.

Zusammenfassung der wichtigsten Kriterien bei den verschiedenen Diabetes-Stadien

Praediabetes (Potentieller Diabetes)

Frühphase des Diabetes. Keine nachweisbaren Störungen des Saccharid-Stoffwechsels. Glucose-Toleranz-Probe normal. Offenbar Insulin-Antagonisten vermehrt und erhöhte Aktivität von Corticotropin (ACTH) und Somatotropin (STH; Wachstumshormon).

Latenter Diabetes (Subklinischer oder chemischer Diabetes)

Vorstadium des manifesten Diabetes. Biochemische Diabetessymptome nachweisbar: Bei i. v. Provokationstests und bei besonderen

Belastungsbedingungen pathologische Blutglucosewerte. Nüchtern-
blutglucosewert meist normal.

Manifester oder klinischer Diabetes

Klinische und biochemische Diabetessymptome: Dauer-Hyperglykämie und Glucosurie; außerdem Polyurie, Durstgefühl, Abmagerung und Schwäche. Pathologischer Ausfall aller Glucose-Belastungsproben.

2.1.1.1. Praediabetes (Potentieller Diabetes)

Unter *Praediabetes* versteht man die *Frühphase des Diabetes,* die vor den ersten faßbaren diabetischen Stoffwechselstörungen besteht. Die Praediabetiker reagieren
auf *Glucose-Toleranztests normal.* Daher kann oft nur
retrospektiv nach Manifestation des Diabetes vom Praediabetes gesprochen werden. *Es gibt keine praediabetischen Blutzuckerwerte.*

In der praediabetischen Phase lassen sich offenbar vermehrt
Insulin-Antagonisten im Serum nachweisen. Auch ein vermehrter
Gehalt an freien Fettsäuren konnte beobachtet werden. Die
Ansicht, daß bei Praediabetikern der Insulinspiegel im Serum und
die Insulinsekretion erhöht seien, mußte revidiert werden. Derartige Untersuchungen wurden an adipösen Praediabetikern durchgeführt, die als Fettsüchtige ohnedies einen erhöhten Insulinspiegel
aufweisen. Im Gegensatz hierzu hat sich gezeigt, daß normalgewich-
tige Praediabetiker auf Glucosebelastung eher mit einem ungenü-
genden Ansprechen der Insulinsekretion reagieren.

Über eine erhöhte Aktivität von *Corticotropin* (ACTH) und
Somatotropin (STH), ebenso über ein gestörtes Verhältnis von
freiem zu gebundenem Insulin im Serum beim Praediabetiker wird
noch diskutiert. Veränderungen der Blutkapillaren an Haut-,
Augen- und Nierengefäßen *ähneln* den *Mikroangiopathien* (Verdik-
kung der Basalmembran), wie sie bei Diabetikern als Begleitkrankheiten bekannt sind (S. 57).

Die *genetische* Praediabetesdiagnose ist bei einem eineiigen Zwil-
lingspartner zu stellen, wenn beim anderen Partner bereits ein Diabetes nachgewiesen werden konnte. Bei Frauen im praediabetischen Zustand kommt es zu Fehlgeburten, Fehlbildungen und zu
Geburten *übergewichtiger Kinder* (mehr als 4 kg oder gar mehr als
4,5 kg). Diese übergewichtigen Kinder könnten auf eine übermäßige

Produktion von *Somatotropin* (Wachstumshormon; STH) zurück-
zuführen sein, wofür es aber noch keinen direkten Beweis gibt.

Bei Kindern zweier diabetischer Eltern besteht eine hundertpro-
zentige angeborene Praedisposition zur Zuckerkrankheit; daher
werden derartige Kinder als *Praediabetiker* bezeichnet.

Das praediabetische Stadium ist durch einen Kampf der Beta-
Zellen des Pankreas gegen den noch unbekannten diabetogenen
Faktor charakterisiert. Es ist das Ziel der Diabetes-Forschung, den
praediabetischen Zustand sicher diagnostizieren zu können und dieses Stadium der Zuckerkrankheit so zu beeinflussen, daß der Aus-
bruch (Manifestation) des Diabetes unterbleibt, denn der Praediabetiker ist der von der Zuckerkrankheit bedrohte zukünftige Diabetiker. *Nur eine Präventivtherapie der Praediabetiker wird eine Heilung der Zuckerkrankheit ermöglichen.*

2.1.1.2. Latenter Diabetes (Subklinischer oder chemischer Diabetes)

Der *latente Diabetes* stellt ein *Vorstadium des manifesten Diabetes* dar. In diesem Vorstadium der Zuckerkrankheit findet man meist normale Nüchternglucose-
werte im Blut, aber es lassen sich bereits mit Hilfe von
*intravenösen Provokationstests Störungen der Glucose-
toleranz* mit pathologischen Blutglucosewerten nachweisen.

Im Stadium des latenten Diabetes und auch im Frühstadium des
Altersdiabetes ist charakteristisch, daß der *Insulinanstieg* verzögert
ist („Insulin-Sekretionsstarre des Pankreas"). Unter besonderen
Belastungsbedingungen (Schwangerschaft; Infektionskrankheiten;
Operationen; Streß-Situationen; strapaziöse Reisen; Cortisongaben)
und bei *Fettleibigkeit* fallen nicht nur die intravenösen Provokationstests, sondern auch der orale Glucose-Toleranztest als Zeichen
eines latenten Diabetes pathologisch aus. Zu den i. v. Provokationstests zählen der i. v. Glucose-Toleranztest, der i. v. Tolbutamid-
Test und der i. v. Cortison-Glucose-Toleranztest (S. 29).

Die Weltgesundheitsorganisation (World-Health-Organisation =
WHO) führt den *asymptomatischen Diabetes* als eigene Diabetes-
phase auf, bei der *keine* klinischen Symptome, aber bestimmte *biochemische* Zeichen vorliegen: Erhöhung des Nüchternglucosewertes
im Blut (über 130 mg/100 ml) und pathologischer Ausfall der oralen Glucose-Belastungsprobe (S. 29). Da die Abgrenzung des
asymptomatischen Diabetes vom latenten Diabetes nicht immer
möglich ist, lehnen die meisten Diabetologen diese Phase als eigenes

Diabetesstadium ab und betrachten sie als eine Unterform des latenten Diabetes.

2.1.1.3. Manifester oder klinischer Diabetes

Beim *manifesten Diabetes* (klinischen oder symptomatischen Diabetes) sind die *Dauer-Hyperglykämie* und die *Glucosurie* (Melliturie) charakteristisch. Bereits beim oralen *Glucose-Toleranz-Test* (S. 29) zeigt sich folgendes abnormes Verhalten: Der Blutglucosegehalt ist krankhaft *erhöht* und der Abfall des erhöhten Blutglucosespiegels ist *verzögert* (Abb. 6). Hinzu kommen typische klinische Symptome wie Polyurie, Durstgefühl, Abmagerung und Schwäche wie sie in Tab. 2 aufgeführt sind. Später stellen sich klinische Symptome von Begleit- und Folgekrankheiten ein.

Tab. 2: Leitsymptome des manifesten Diabetes

Diabetische Primärsymptome:

    a) Mellitussyndrome: *Dauer-Hyperglykämie* und *Glucosurie* (Melliturie)
    b) *Polyurie* und *Polydipsie* (Durst)
    c) *Abmagerung, Hungergefühl und allgemeine Schwache*
    d) Hellgelbe *Harnfarbe* bei hohem spezifischem Gewicht
    e) *Acidosis* und *Coma diabeticum*

Diabetische Sekundärsymptome:

    Symptome von Zweitkrankheiten und Komplikationen

a) Dauer-Hyperglycämie und Glucosurie*)

Für das Auftreten der *Dauer-Hyperglykämie* sind die auf S. 39 zusammengestellten Ursachen verantwortlich. Die *Glucosurie* ist als Folgezustand der Hyperglykämie zu betrachten. *Normalerweise* wird die mit dem Glomerulumfiltrat der Niere (Primärharn) ausgeschiedene Glucose, die ungefähr 1/5 des Blutglucosewertes in der A.renalis ausmacht, durch aktive Transportvorgänge (*Carrier-*Mechanismus) in den Nierentubuli wieder rückresorbiert, so daß keine Glucose (oder nur in Spuren) im Endharn auftritt. Wenn sich die Glucosekonzentration im Blut auf 160 bis 180 mg/100 ml und darüber erhöht, dann ist der Mechanismus der Rückresorption (Reabsorption) überfordert und nicht mehr in der Lage, die im

---

*) Da es sich im wesentlichen um Glucose handelt, sind auch die Bezeichnungen *Hyperglucämie* (Hyperglucosämie) und *Glucosurie* anstatt Hyperglykämie und Glykosurie berechtigt.

Primärharn enthaltene Glucose zu reabsorbieren. Die Folge davon ist das Auftreten von Glucose im Endharn: *Diabetische Glucosurie.*

b) Polyurie und Durstgefühl (Polydipsie).

Als häufigste der von unbehandelten Zuckerkranken geäußerten Beschwerden gelten das vermehrte Durstgefühl und die Absonderung vermehrter Harnmengen: *Diabetische Polyurie.* Die Polyurie ist das *einfachste* und *wichtigste diagnostische Zeichen* für einen manifesten Diabetes.

Nur zu einem Teil kann diese Polyurie rein *physikalisch* derart erklärt werden, daß die aus dem Primärharn von den Nierentubuli nicht mehr rückresorbierte Glucose ihr Lösungswasser mitnimmt und daher der zuckerhaltige Harn mit mehr Wasser verdünnt abgegeben wird. Dem Körper wird dadurch mehr Wasser entzogen, was zu dem für den Diabetiker charakteristischen Symptom des Durstgefühls führt. Dieses macht die Zuckerkranken häufig zuerst auf ihr Leiden aufmerksam.

Neben dieser rein physikalischen Ursache werden für die Polyurie des Diabetikers auch *zentral-nervöse Faktoren* mitverantwortlich gemacht. Zum Beweis hierfür werden vor allem die hypothalamischen Einstiche in Experimenten angeführt, auf die Polyurie, Polydipsie und Hyperglucämie mit und ohne Glucosurie eintreten.

c) Abmagerung, Hungergefühl und allgemeine Schwäche

Da beim unbehandelten Diabetiker ein großer Teil der durch die Nahrung zugeführten Kalorien infolge des Zuckerverlustes und der gestörten Glucoseverwertung nicht ausgenützt wird, besteht trotz reichlicher Nahrung ein *Energiemangel,* der zur Abmagerung und bei schwerster Form zur Kachexie führt. Die früher angenommene „Freß- und Sauflust" des Diabetikers läßt sich größtenteils durch den dauernden Energieverlust und die Polyurie erklären.

Der dauernde Kalorienverlust — bedingt durch die Glucosurie und den gesteigerten Abbau des Fettgewebes — geht mit Hungergefühl und Gewichtabnahme und mit Störungen des Allgemeinbefindens wie Müdigkeit und Abnahme der Leistungsfähigkeit einher. Die allgemeine Schwäche beruht zum Teil auch auf der gestörten *Eiweißsynthese* (Muskelschwund) und auf dem Elektrolyt- und *Wasserverlust* im Harn.

d) Hellgelbe Harnfarbe bei hohem spezifischem Gewicht

Infolge der vermehrten Harnmenge ist die Harnfarbe hellgelb, aber das spezifische Gewicht des Harns ist wegen des Glucosegehaltes erhöht. In der Klinik spricht man vom „vermehrten, blassen und hochgestellten Harn".

e) Acidosis und Coma diabeticum (s. Kapitel: „Pathophysiologie und Biochemie des Coma diabeticum" S. 47)

Zwei Diabetes-Formen nach dem Erkrankungsalter

Nach dem Erkrankungsalter (Manifestationsalter) gibt es zwei Diabetes-Typen, die charakteristische Unterschiede in der Geschwindigkeit der Erschöpfung des Inselsystems aufweisen:

Man unterscheidet den

a) *Jugendlichen-Diabetes* und
b) *Erwachsenen-Diabetes*

a) Der *jugendliche Diabetes* (juveniler Diabetes) ist der Prototyp des klassischen *Insulinmangel-Diabetes*. Nach einer zeitlich begrenzten Anfangsperiode stellt sich bei ihm ein Insulinmangelzustand ein. Man kann diese Diabetes-Form noch unterteilen in den „kindlichen Diabetes" mit der Manifestation vor dem 14. Lebensjahr und in den Diabetes-Typ, der zwischen dem 15. und 24. Lebensjahr auftritt. Der „Säuglingsdiabetes" kommt äußerst selten vor.

Eine Verlaufsform, die sich durch besonders große *Labilität* der Stoffwechsellage mit erheblichen Blutzuckerschwankungen, durch starke Neigung zu *Ketose* und durch schwere Einstellbarkeit auszeichnet, läuft unter der Bezeichnung *labiler Diabetes oder Brittle-Diabetes**) (nach *Woodyatt*). Bei diesem ausgesprochen labilen Diabetes-Typ, der in die Gruppe des Jugendlichen-Diabetes einzureihen ist, spielen Undiszipliniertheit der Erkrankten hinsichtlich Diät und Insulinverabreichung, chronische Infekte, psychische Belastungen, hormonelle Störungen, ferner Magen-, Darm-, Leber- und Pankreaserkrankungen eine wesentliche Rolle. Es kommt auch zu Stoffwechselentgleisungen, wenn der behandelnde Arzt unter dem Eindruck einer Entgleisung des Stoffwechsels zu schnell und zu intensiv mehrere Therapiefaktoren (Diät, orale Antidiabetika, Insulindosis) ändert. Ein derartig hervorgerufener „labiler Diabetes" beruht dann mehr auf einer „Labilität des Arztes".

---

*) Abgeleitet vom engl. brittle = spröde, widerspenstig

b) *Erwachsenen-Diabetes.* Zu diesem Typ gehören die Diabetiker, deren Manifestation nach dem 25. Lebensjahr auftritt. Im Gegensatz zum Jugendlichen-Diabetes ist der Krankheitsbeginn allmählich mit variablen Symptomen. Oft bleiben die Erwachsenen-Diabetiker lange Zeit beschwerdefrei bis die Zuckerkrankheit zufällig oder im Verlauf von Suchaktionen erkannt wird. Die Stoffwechsellage ist meist stabil, es besteht keine Neigung zu Ketose und nur eine geringe Insulinabhängigkeit. Im Alter ist die Ansprechbarkeit der B-Inselzellen auf *Sekretionsreize* vermindert, ebenso die Reaktionen der Erfolgsorgane auf Insulin. Der Erwachsenen-Diabetes spricht im allgemeinen gut auf orale Antidiabetika (Sulfonamidderivate) an. Der Verlauf dieser Diabetes-Form wird wesentlich — besonders im Alter — von Zweitkrankheiten, vor allem von Gefäßkrankheiten (Angiopathien) bestimmt (s. Kapitel: Zweitkrankheiten und Komplikationen beim Diabetes S. 57).

Charakteristische Unterschiede der beiden Diabetes-Formen sind in folgender Tab. 3 zusammengefaßt.

Tab. 3: Kriterien des jugendlichen und Erwachsenen-Diabetes

Jugendlicher Diabetes	Erwachsenen-Diabetes
asthenischer Körperbau	sthenischer Körperbau
akuter Krankheitsbeginn	*langsamer* Krankheitsbeginn
Auftreten meist zwischen dem 15. u. 24. Lebensjahr	Auftreten meist nach dem 40. Lebensjahr
bei beiden Geschlechtern etwa gleichmäßig verteilt	beim weiblichen Geschlecht häufiger als beim männlichen
geringer oder *fehlender* Insulingehalt des Pankreas u. des Blutes	*verminderter* Insulingehalt des Pankreas u. des Blutes
ausgeprägte Ketoseneigung	geringe Ketoseneigung
insulinempfindlich	relativ insulinresistent
kein Ansprechen auf Sulfonamidderivate	meist *gutes* Ansprechen auf Sulfonamidderivate
Labilität der Stoffwechsellage	*Stabilität* der Stoffwechsellage

Unter *iatrogenem Diabetes* versteht man diabetische Stoffwechselstörungen, die durch Pharmaka ausgelöst werden, z. B. blutzuckersteigernde Hormone, diabetogene Stoffe, bestimmte Diuretika; s. Kapitel: Chemisch-hervorgerufene Diabetesformen S. 69.

Hungerdiabetes (Fastendiabetes). Diese passagere, d. h. vorübergehende Diabetesform wird durch längere *Nahrungskarenz* ausgelöst. Dieser Diabetestyp zeichnet sich durch eine geringe bis mäßige Hyperglykämie und Glucosurie aus, ferner durch Ketonämie und Erhöhung der freien Fettsäuren im Serum. Es handelt sich um keinen *echten Diabetes* (Fehldiagnose Diabetes!) und antidiabetische Maßnahmen führen zur Verschlechterung des Krankheitszustandes mit unerwarteten Zwischenfällen. Die normale Stoffwechsellage wird durch eine ausreichend kohlenhydrathaltige Nahrung erreicht.

Die Bezeichnung *Gegenregulationsdiabetes* ist aufgegeben worden, da eine Gegenregulation als Ursache des echten Diabetes mellitus nie nachgewiesen werden konnte.

Zur Prüfung des Saccharid-Stoffwechsels

Normalwerte des Nüchternblutzuckers

Im *Kapillarblut* liegen die Normalwerte des *Nüchternblutzuckers* (Blutglucosegehalt) mit enzymatischen Methoden bestimmt
zwischen *70–95 mg/100 ml (0,7–0,95 g/l)*
Im *Venenblut* und allgemein bei *Säuglingen* sind die Nüchternblutzuckerwerte etwas niedriger.

Nach *drei Altersgruppen* aufgeteilt werden als normale *Maximalwerte* für den Nüchternglukosegehalt angegeben:

1. *Altersgruppe:*	bis zum 45. Lebensjahr	105 mg/100 ml
2. *Altersgruppe:*	vom 45.-64. Lebensjahr	115 mg/100 ml
3. *Altersgruppe:*	jenseits des 65. Lebensjahres	125 mg/100 ml

Zur *internationalen Standardisierung* ist vorgeschlagen worden, die Blutzuckerwerte nicht mehr in mg/100 ml bzw. in mg%, sondern in g/l (Gramm pro Liter) zu formulieren.

Glucose-Belastungsproben

Zur Beurteilung einer diabetischen Stoffwechselstörung und vor allem zur Erkennung eines latenten Diabetes reicht die Bestimmung des Nüchternblutzuckers nicht aus. Der Nüchternblutzucker gibt nur den augenblicklichen Stand der Höhe des Blutzuckers an, der aber auch beim Normalen durch psychische, körperliche und alimentäre Einflüsse vorübergehend abweichen kann.

Zur genaueren Prüfung des Saccharid-Stoffwechsels und zur Abgrenzung anderer nichtdiabetischer Hyperglykämien und Glucosurien sind *Belastungsproben* eingeführt, die eine wesentliche Verfeinerung der Untersuchungsmethoden darstellen und auf einer

Provokation der Insulinsekretion des Pankreas beruhen. Die gebräuchlichsten Belastungsproben sind

die orale Glucose-Belastungsprobe,
der intravenöse Glucose-Toleranztest und
der intravenöse Tolbutamidtest.

Für die Diagnose des latenten und manifesten Diabetes wird die einfache orale Glucose-Belastungsprobe meist bevorzugt:

Orale Glucose-Belastungsprobe
(Oraler Glucose-Toleranztest; GTT; Glucose-Probetrunk)

3 Tage vor dem Untersuchungstag soll der Proband eine kohlenhydratreiche Nahrung zu sich nehmen (ca. 250 g Kohlenhydrate pro Tag). Nach Abnahme von Kapillarblut zur Bestimmung des *Nüchternglucosewertes* werden *100 g Glucose* (oder auch 1 g Glucose pro Kg Sollgewicht) in 400 ml Wasser oder Tee gelöst verabreicht und innerhalb von 3 Minuten getrunken.

> *2-Stunden-Wert hat größte diagnostische Bedeutung*
>
> Wenn bei enzymatischer Bestimmung der *2-Stunden-Wert unter 120 mg/100 ml* bleibt, dann gilt die Stoffwechsellage als normal; liegt er zwischen *120 und 140 mg/100 ml*, so ist er verdächtig; steigt der Wert über *140 mg/100 ml*, so ist er pathognomonisch für Diabetes.

Durch Bestimmungen der Blutzuckerwerte nach jeweils 1 bzw. 2 Stunden kann man eine *Blutzuckerkurve* aufstellen, die beim Vorliegen von *alimentären* und *renalen* Glucosurien einen normalen Verlauf aufweist, dagegen beim latenten und manifesten Diabetes pathologisch verläuft (Abb. 6. S. 30.). Für die *nichtdiabetischen* Glucosurien ist es charakteristisch, daß eine Zuckerausscheidung im Harn bei normalen oder erniedrigten Blutzuckerwerten auftritt (z. B. bei 100–110 mg/100 ml). Zwei Stunden nach der Glucosebelastung sollte neben dem Blutzuckerwert auch der Harn auf Glucose untersucht werden. Bei Magen-Darm-Operierten ist die Orale Glucose-Belastungsprobe nicht anwendbar. Hierfür gibt es die oben aufgeführten intravenösen Methoden. Zur Erkennung des *Praediabetes* stehen noch keine sicheren Methoden zur Verfügung.

Die *renal* bedingten Glucosurien gehören zu den Stoffwechselstörungen, die häufig zur Abgrenzung gegenüber der echten Zuckerkrankheit zur Untersuchung kommen. Eine Glucosurie bei normalem Blutglucosegehalt ist allein noch *nicht* beweisend für einen renalen Diabetes, weil im Anfangsstadium der Zuckerkrankheit normale Blutzuckerwerte vorkommen.

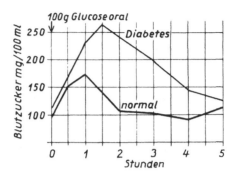

Abb. 6: Blutglucosekurven bei oraler Glucose-Belastungsprobe (Glucose-Toleranz-Test)
Normaler Verlauf der Kurve und pathologischer Verlauf bei *Diabetes mellitus.*

2.1.2. Pathogenese des primären Diabetes mellitus

Beim primären Diabetes handelt es sich um ein *Erbleiden,* bei dessen Manifestierung *begünstigende Faktoren* der Umwelt bzw. der Lebensweise oder humorale Faktoren eine wesentliche Mitursache haben. Der diabetischen Stoffwechselstörung liegt offenbar ein genetischer *Enzymdefekt* zugrunde.

Erbanlage. Der *Erbgang* des Diabetes ist noch *nicht* restlos geklärt. Nach heutigen Kenntnissen wird die Diabetes-Anlage sowohl recessiv als auch dominant vererbt. Daher wird angenommen, daß es sich um eine komplizierte multifaktorielle, genetisch-fixierte Diabetes-Anlage handelt. Je häufiger solche genetische Faktoren zusammenkommen, um so früher wird wahrscheinlich der Diabetes auftreten und um so schwerer wird er klinisch in Erscheinung treten. Die heutige Auffassung geht dahin, daß die diabetische multifaktorielle Gen-Abnormität extrapankreatischen Organlokalisationen zuzuordnen sind und nicht einer primären Störung der B-Zellen des Pankreas. In Beziehung zur genetischen Diabetesanlage steht die Insulin-Sekretionsminderung, ferner auch das Auftreten von Insulin-Anomalien und Mikroangiopathien.

Begünstigende Faktoren. Die Erbanlage allein führt nicht mit Sicherheit zur Manifestation der Erkrankung, die bei günstiger Lebensweise während des ganzen Lebens unterschwellig bleiben kann. Zu der Erbanlage kommen verschiedenartige manifestationsfördernde Faktoren und auslösende Ursachen hinzu:

Eine *Mangelernährung* hemmt die Manifestation, wie das starke Zurückgehen der Erkrankung während der Kriegs- und Nachkriegszeit beweist.

Theorie der extrapankreatischen Pathogenese

Die Einführung von Methoden zur Bestimmung des Insulingehaltes im Blut, die orale Diabetestherapie und die 1963 gelungene Totalsynthese des Insulins *(H. Zahn)* haben die Vorstellungen über die Pathogenese des D. m. wesentlich gewandelt. Dies gilt vor allem für die ersten Phasen der Erkrankung (Vorstadien; Praediabetes), die vor der klinischen Manifestation des Diabetes vorliegen.

Nach der *extrapankreatischen Pathogenese* des menschlichen Diabetes liegt *primär eine Beeinträchtigung der Insulinwirkung* im peripheren Gewebe vor. Diese primäre Insulinresistenz führt zunächst zu einer *kompensatorischen Insulinüberproduktion* der B-Zellen des Inselapparates, d. h. zu einem *Hyperinsulinismus.* Nach einer Phase des konstant anhaltenden Hyperinsulinismus kommt es infolge der *Erschöpfung der Inselzellen* zu einem Erlahmen der Insulinproduktion und Sekretion, so daß dann der Diabetes klinisch manifest wird. Die Aufeinanderfolge der einzelnen Phasen läßt sich durch die Trias ausdrücken.

Diabetes-Trias		
primär	*sekundär*	*tertiär*
Verminderung bzw. Blockierung der Insulinwirkung →	Insulinüberproduktion (Hyperinsulinismus) →	Erschöpfung der B-Zellen (Manifestation des Diabetes)

Mit der extrapankreatischen Theorie des Diabetes stimmt die Beobachtung überein, daß die Zuckerkrankheit viele Jahre *vor* der klinischen Manifestation beginnt. Selbst beim jugendlichen Diabetes, dem Prototyp des Insulinmangeldiabetes, lassen sich zu Beginn der Krankheit beträchtliche Mengen von Insulin im Blut nachweisen und aus dem Pankreas extrahieren. Bei allen Diabetesformen kommt es erst im Verlauf der Erkrankung, in der *tertiären* Phase, zum kompletten Versagen der B-Zellen des Inselapparates. Der Unterschied zwischen den einzelnen nach dem Manifestationsalter getroffenen Diabetes-Typen liegt in der verschiedenen *Geschwindigkeit* mit der die einzelnen Phasen durchlaufen werden bis sich schließlich ein kompletter Insulinmangelzustand einstellt. Dieser tritt beim jugendlichen bzw. juvenilen Diabetes sehr viel früher auf als beim oft jahrelang klinisch symptomlos verlaufenden Alters-Diabetes.

Mögliche Ursachen der verminderten Insulinwirkung

Als mögliche Ursachen der verminderten Insulinwirkung in der primären Phase werden diskutiert:
1. Verminderte Produktion von Insulin
2. Gehemmte Sekretion von Insulin
3. Gestörter Transport von Insulin
4. Beeinträchtigung der Insulinwirkung
5. Bildung eines abnormen Insulins (Störung der Insulin-Biosynthese; Dysinsulinismus)
6. Beschleunigter Abbau von Insulin

Insulinhemmungstheorie; Insulin-Antagonisten (s. Abb. 7 S. 34). Bei der Suche nach der primären Ursache der Insulinhemmung ist in erster Linie an die Möglichkeit eines *immunologischen* Faktors zumindest beim jugendlichen Diabetes gedacht worden. Man konnte im Plasma verschiedene Insulin-Antagonisten nachweisen, welche die periphere Insulinwirkung blockieren und dadurch eine kompensatorische Insulinüberproduktion (Hyperinsulinismus) hervorrufen. Man kennt auch hormonale Insulin-Antagonisten, die teilweise durch Erhöhung des Blutzuckers und teilweise durch verstärkte Fettspaltung (Lipolyse) der Insulinwirkung entgegen arbeiten. Derartige diabetogene Hormone im engeren Sinne sind: *Somatotropin* (STH) und *Corticotropin* (ACTH) des Hypophysenvorderlappens, *Corticosteroide* der Nebennierenrinde, ferner das *Glucagon* der A-Zellen des Inselapparates und die *Brenzcatechinamine* (nach dem Englischen: Catecholamine) des Nebennierenmarks (Adrenalin und Nor-Adrenalin). Der endgültige Beweis, wie weit Insulinantagonisten als primäre Ursache des Diabetes in Frage kommen, steht noch aus.

Insulinantikörper. Da Insulin ein Antigen ist, führt jede therapeutische Insulinbehandlung zu einer mehr oder weniger ausgeprägten Bildung von *Insulinantikörpern* die an die Globulinfraktion des Plasmas gebunden sind.

Die Insulinantikörper sind für die *Insulinresistenz* mancher Diabetiker verantwortlich, deren Plasma Hunderte von Insulin-Einheiten bindet (Antigen-Antikörper-Komplex). Die tägliche physiologische Insulinabgabe wird auf etwa 50 Einheiten geschätzt. Ein therapeutischer Bedarf von über 60 Einheiten beruht in den meisten Fällen auf der Gegenwart von bindenden Antikörpern, die sich in verschiedener Titerhöhe bei nahezu allen mit Insulin behandelnden Diabetikern nachweisen lassen. Viele Insulin-Resistenzen verschwinden spontan wieder. Nach *Creutzfeldt* spricht man erst von einer eigentlichen *Insulin-Resistenz*, wenn ein Insulinbedarf von 200 Einheiten pro Tag notwendig ist.

Insulinase. Als mögliche Ursache einer Beeinträchtigung der Insulinwirkung wird auch an eine verstärkte Aktivität des Insulin abbauenden Enzyms in der Leber, der *Insulinase*, gedacht. Aber für diese Annahme konnte bisher noch kein sicherer Beweis erbracht werden.

Es wird auch die Ansicht vertreten, daß *nicht veresterte Fettsäuren* im Plasma die Wirkung des Insulins beeinflussen und eine übermäßige Insulinsekretion verursachen, so daß schließlich die B-Zellen erschöpfen.

Zweiinsulintheorie. Nach der Zweiinsulintheorie gelangt nur ein Teil des sezernierten Insulins in *freier* Form an den Wirkungsort, der andere Teil (angeblich über 50 %) wird in der Leber an Serumeiweißstoffe zu *inaktivem* Insulin gebunden. Offenbar ist nur die *freie Form* biologisch *aktiv*. Nach dieser Theorie könnte eine verstärkte Bindung des freien Insulins an bestimmte Transportproteine des Serums als Ursache einer Insulinhemmung in Frage kommen.

Abnorme Insulin-Biosynthese. (Dysinsulismus). Es besteht die Möglichkeit, daß beim Diabetiker eine Störung der Insulin-Biosynthese vorliegt und ein abnormes, chemisch falsches und nicht vollwirksames Insulin von den B-Zellen produziert wird. Für diese Annahme stehen aber sichere Beweise noch aus.

Nach dem derzeitigen Stand der Diabetes-Forschung ist eine endgültige Entscheidung über die verantwortliche Noxe beim primären Diabetes nicht möglich. Eine wesentliche Rolle bei der klinischen Manifestation des Diabetes spielen die *vererbte Disposition* (genetischer Enzymdefekt) und *auslösende Faktoren* wie Fettleibigkeit, Infekte, Streß-Stiuationen und noch andere unbekannte Umstände.

Abb. 6a: Primärstruktur von Insulin aus 2 Peptidketten mit 21 bzw. 30 Aminosäuren. Die Ketten sind über zwei Disulfid-Brücken miteinander verbunden (aus Selecta 35/1976)

Nach der *Insulinhemmungstheorie* S. 32) laufen die einzelnen *Diabetes-Phasen* derart ab, wie sie in Abb. 7 dargestellt sind.

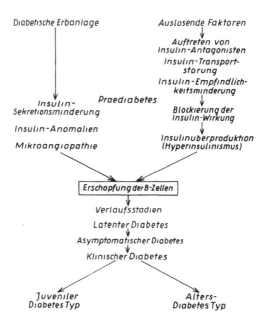

Abb. 7: Pathophysiologische Vorgänge beim Diabetes

2.1.3. Biochemie der diabetischen Stoffwechselstörung

2.1.3.1. Wirkungsmechanismus des Insulins

Das Inselorgan des Pankreas, das sich bei allen Wirbeltieren und beim Menschen aus *zwei Zelltypen* (A- und B-Zellen) zusammensetzt, produziert zwei chemisch ähnliche Polypeptidhormone, deren Stoffwechselwirkungen aber entgegengesetzt gerichtet sind. Nur die *B-Zellen sind die Produktionsstätten des Insulins,* während in den A-Zellen das anders wirkende *Glucagon* gebildet wird. Die Blutzuckererhöhung stellt normalerweise den *adäquaten* Reiz für das Inselorgan dar, Insulin in bestimmter Menge an das Blut abzugeben. Normalerweise werden vom erwachsenen, gesunden Menschen tgl. ca. 40–60 IE Insulin produziert.

Im Vordergrund der Insulinwirkung steht die Beeinflussung verschiedener *Transportvorgänge*, denen eine *Membranwirkung* zugrunde liegt.
Durch Erhöhung der Zellpermeabilität fördert Insulin in verschiedenen Geweben den *Glucose-, Aminosäuren- und Kalium-Transport*. Außerdem fördert Insulin die *Proteinsynthese* und es hat einen ausgeprägten *antilipolytischen Effekt,* d. h. Insulin begünstigt den Fett*aufbau* (Lipogenese) und verhindert den zur Ketonstoffbildung führenden gesteigerten Fett*abbau* (Lipolyse).

Bezogen auf den Glucose-Stoffwechsel sind folgende Einzelheiten bekannt:
Insulin *erhöht* die Zellpermeabilität für *Glucose* und einige andere Zucker. Der Eintritt von Sacchariden aus dem extrazellulären Raum durch die Zellmembran in das Zellinnere ist kein passiver Vorgang, sondern er stellt einen „aktiven Transport" dar, der Energie erfordert und nur bei Gegenwart von Insulin möglich ist; man spricht vom *Glucose-Transport-System* (GTS). Bei mangelnder Insulinwirkung gelangt zu wenig Glucose in das Zellinnere, was mit einer *Verminderung* der Glucoseverwertung verbunden ist. Von diesem Gesichtspunkt aus muß man die Erhöhung des Blutzuckerspiegels (Hyperglucämie) beim Diabetes als *Kompensationsmechanismus* auffassen, denn die verminderte Fähigkeit der Zelle, Glucose aus dem extrazellulären Raum aufzunehmen, wird durch die erhöhte Konzentration an Blutglucose zum Teil ausgeglichen. Der Versuch, beim Diabetiker durch diätetische Maßnahmen ohne ausreichende Insulinzufuhr den Blutzucker auf normale Werte zu senken, ist als unzweckmäßig anzusehen.
Die Einwirkungen des Insulins auf den Zellstoffwechsel lassen sich größtenteils aus der erhöhten Zellpermeabilität für Saccharide erklären. Durch diesen insulinabhängigen Membraneffekt wird eine Steigerung der Glucoseverwertung in der Zelle erreicht, die folgende biochemische Prozesse umfaßt: Förderung der oxidativen Zuckerverwertung und der Bildung von Glycogen in *Leber* und *Muskulatur*. Förderung der synthetischen Stoffwechselvorgänge (Fettbildung aus Sacchariden, Synthese von Peptiden, Eiweißstoffen und energiereichen Phosphatverbindungen). Dadurch daß unter der Insulinwirkung mehr Glucose in die Zellen gelangt, wird die Bildung des Enzyms *Glucokinase* angeregt (= Enzyminduktion), das den ersten Schritt der Glucoseverwertung katalysiert. Die direkten Stoffwechselwirkungen des Insulins sind bislang noch nicht genügend geklärt.

Einige Zellsysteme besitzen an ihren Membranen ein Glucose-Transport-System, das unabhängig vom Insulin ist. Dazu gehören die Ganglienzellen, die Darmepithelien, die Nierentubulusepithelien und die Erythrocyten. Die Leberzelle besitzt offenbar kein Glukose-Transport-System; hier ist jedoch die Aktivität des Glucokinase-Enzyms insulinabhängig.

2.1.3.2. Normaler Glucose-Stoffwechsel

Normalerweise wird innerhalb einer physiologischen Schwankungsbreite die Glucosekonzentration im Blut konstant gehalten. Selbst nach mehrtägigem Fasten fällt der Blutzuckerspiegel nicht viel unter 70 mg/100 ml Blut ab und auch nach Aufnahme von 500 g Saccharide pro Tag steigt beim Stoffwechselgesunden die Glucosekonzentration nicht über 180 mg/100 ml Blut an. Für diese *Konstanz des Blutzuckers* sorgt eine Regulation des Saccharid-Stoffwechsels, die von nervlichen und hormonellen Einflüssen gesteuert wird (Inselsystem des Pankreas; Nebennieren, Hypophyse).

Ein *Zustrom* von Glucose in das Blut kann erfolgen bei Aufnahme von Sacchariden durch die Nahrung, beim Abbau von Leberglycogen (Glycogenolyse) und bei Neubildung von Glucose aus Eiweiß (Gluconeogenese; Gluconeogenie). Die *Entfernung* von Glucose aus dem Blut kann auf folgenden biochemischen Prozessen beruhen. Oxidativer oder glycolytischer Abbau der Glucose, Bildung von Glycogen in der *Leber* und im *Muskel*, Umwandlung von Glucose in Fettsäuren in den Fettgeweben und schließlich Ausscheidung von Glucose durch die Nieren, wenn der Blutglucosespiegel zu hoch ist.

Zu den bedeutendsten energieliefernden Abbauprozessen der Glucose, die nebeneinander in den Zellen ablaufen, gehören der *glycolytische Abbauweg.* (Embden-*Meyerhof*-Abbauweg) mit dem oxidativen *Citronensäure-Cyclus* (Citrat-Cyclus) und der *Pentosephosphat-Cyclus* (direkte Glucose-Oxidation). Durch ein gemeinsames Abbauprodukt, der *aktivierten Essigsäure* (Acetyl-Coenzym A; Acetyl-CoA), ist der Glucoseabbau sowohl mit dem Fett- bzw. Fettsäuren-Stoffwechsel als auch mit dem Eiweiß-Stoffwechsel verknüpft, wie aus folgendem Schema (Abb. 9) hervorgeht. Der größte Teil der Energie wird im Citronensäure-Cyclus gewonnen, der beim Stoffwechselgesunden vorwiegend durch Glucoseabbau, zum kleinen Teil aus dem Fett- und Eiweißstoffwechsel gespeist wird. Bei reichlicher Saccharidernährung kommt es im Fettgewebe zur überwiegenden Neubildung von Fett aus Sacchariden.

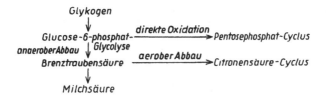

Abb. 8: Normale Abbauwege der Glucose

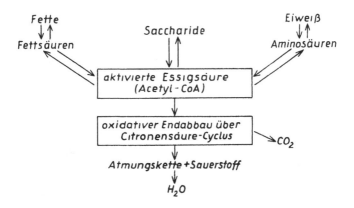

Abb. 9: Wechselbeziehungen zwischen Saccharid-, Fett- und Eiweißstoffwechsel

Tab. 3a Wirkungsweise verschiedener Insulinpräparate

Insulin	Wirkungs-beginn	Wirkungs-dauer	Wirkungs-maximum	Zeitpunkt der Verabreichung vor der Mahlzeit
Altinsulin	nach 30 Min.	bis 8 Std.	1–2 Std.	15–30 Min.
Mischung aus Alt- und Verzögerungs-insulin Komb.-Insulin (1 Teil Alt + 2 Teile Depot)	nach 60 Min.	bis 14 Std.	90 Min. bis 4 Std.	30–45 Min.
Depot-Insulin	nach 60 Min.	bis 16 Std.	120 Min. bis 6 Std.	45–60 Min.

2.1.3.3. Stoffwechselstörungen beim Diabetes

Da beim Diabetes ein Defizit an wirksamem Insulin vorliegt, sind alle insulinabhängigen Vorgänge in ihrem Ablauf gestört. Es kommt zu charakteristischen Störungen nicht nur im Saccharid-Stoffwechsel, sondern auch im Fett- und Eiweiß-Stoffwechsel. Die wichtigsten durch mangelhafte Insulinwirkung hervorgerufenen *diabetischen Stoffwechselstörungen* sind:

1. *Blockierung des Glucosetransportes durch die Zellmembran;* dadurch eine *Minderung der Glucoseverwertung* in den peripheren Zellen und als weiterer Folgezustand das Auftreten einer *Dauer-Hyperglucämie* im Blut.
2. In der *Leber: Vermehrte Bildung von Glucose* durch übermäßige *Glycogenolyse* und *Gluconeogenese.* Vermehrte Bildung von Ketonstoffen: *Ketonämie; Ketose.* Gesteigerte Bildung von Lipoproteiden: *Lipoproteidämie.*
3. Im *Fettgewebe: Versagen des Fettaufbaus* (Lipogenese) und *gesteigerter Fettabbau* (Lipolyse).
4. In der *Muskulatur:* Umschaltung des oxidativen Stoffwechsels auf *Eiweiß-* und *Fettverwertung.*

1. Minderung der Glucoseverwertung. Die mangelhafte Insulinwirkung führt primär zu einer Störung des Glukose-Transport-Systems (Membranwirkung), so daß zu wenig Glukose in das Zellinnere gelangt, was eine Minderverwertung der Glukose zur Folge hat. Hierdurch kommt es in erster Linie zu den klassischen *Leitsymptomen* des dekompensierten Diabetes, nämlich zu einer Anhäufung von Glucose im extrazellulären Raum und im *Blut,* d. h. zur diabetischen *Dauer-Hyperglucämie,* die bei Überschreiten der Nierenschwelle für Glucose zur *Glucosurie* mit Verlust von Wasser und Elektrolyten führt.

Infolge der Hyperglucämie entsteht im Extrazellulärraum eine Hyperosmolarität, die als Ursache für andere Primärsymptome, für die *Polyurie* und das *Durstgefühl* angesehen werden.

2. In der *Leber* kommt es zu einem *übermäßigen Zerfall von Glycogen* zu Glucose (Glycogenolyse) und zu einer *gesteigerten Neubildung von Glucose* aus Nichtsacchariden (Gluconeogenie; Gluconeogenese). Als Kohlenstoffquelle dient vor allem die *Brenztraubensäure,* die aus dem Anfall von Aminosäuren aus der Muskulatur stammt. Hierbei bildet sich eine überschießende Menge von *Harnstoff* (negative N-Bilanz), von Ketonstoffen und Cholesterin.

Ein Teil der *Fettsäuren,* der nicht in den Citronensäurecyclus eingeschleust werden kann, wird zu Neutralfetten aufgebaut und an Eiweiß gebunden als *Lipoproteide* an das Blut abgegeben: *Lipoproteidämie.* Ein anderer Teil der Fettsäuren wird *vermehrt* in *Acet-*

essigsäure umgewandelt, die zusammen mit ihrem Reduktionsprodukt β-*Hydroxybuttersäure* und ihrem Decarboxylierungsprodukt *Aceton* die *Ketonstoffe* darstellen. Die Anreicherung dieser Stoffe im Blut, die als *Ketonämie* bezeichnet wird, führt zu Störungen im Wasser- und Elektrolythaushalt und außerdem zum Coma diabeticum (S. 47). Die Acetessigsäure ist an sich kein krankhaftes Stoffwechselprodukt, sie tritt aber normalerweise nur in geringer Menge im Körper auf, weil sie rasch weiter verarbeitet wird.

3. Im *Fettgewebe*: Hier kommt es infolge des Fehlens von α-Glycerophosphatase zum *Versagen des Fettaufbaus* (Lipogenese) und zu einem *gesteigerten Fettabbau* (Lipolyse). Es sammeln sich große Mengen von freien Fettsäuren im Blut an, die zur Leber gelangen.

4. In der *Muskulatur* führt die gestörte Glucoseverwertung zu einer Umschaltung des oxidativen Stoffwechsels auf eine *Eiweiß*- und *Fettverwertung*. Es werden vermehrt *Aminosäuren* abgegeben, die in der Leber in *Brenztraubensäure* und *Harnstoff* umgesetzt werden. Der gesteigerte Harnstoffanfall erklärt die bei Diabetikern auftretende erhöhte Stickstoffausscheidung im Harn. Die Brenztraubensäure kann wiederum in der Leber zur Bildung von Glucose verwendet werden. Eine Zusammenstellung der wichtigsten Stoffwechselstörungen bei Insulinmangel enthält Tab. 4 (S. 42).

Für das Auftreten der *diabetischen Hyperglycämie* lassen sich folgende biochemische Ursachen zusammenfassen:
 a) *Blockierung des Glucosetransportes* in die periphere Zelle (= Störung des Glucose-Transport-Systems der Zellmembran)
 b) *Minderverwertung von Glucose* in der peripheren Zelle
 c) *Übermäßiger Zerfall von Leberglycogen* (Glycogenolyse) und *gesteigerte Neubildung von Glucose* in der Leber aus Nichtsacchariden, z. B. aus Aminosäureresten (Gluconeogenie; Gluconeogenese)

Blockierung des Weiterabbaus beim Diabetes

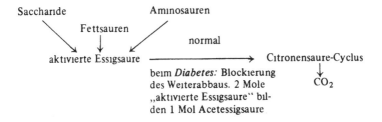

Vermehrte Bildung von Ketonstoffen beim Diabetes

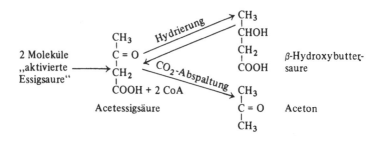

Fettsäuren-Stoffwechsel beim Diabetes

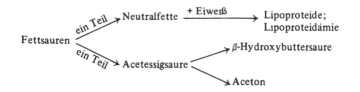

Tab. 3b: Qualitative und quantitative Veränderungen in den
Langerhans'schen Inseln beim Diabetes.

---

1. *Quantitative Veränderungen*

    Verminderung der Inselzahl
    Verminderung des Anteils an Inselgewebe im Pankreas
    Veränderungen im zytologischen Aufbau der Inseln
    Veränderungen der Gesamtmasse des Inselgewebes
    Veränderungen der Gesamtzahl der A- und B-Zellen

2. *Qualitative Veränderungen*

    A. Zytologische Veränderungen
        Degranulierung der B-Zellen
        Hydropische Veränderungen der B-Zellen
        Veränderungen im Kern der B-Zellen
    B. Veränderungen im Inselstroma
        Fibrose
        Hyalinose
        Insulitis

Die bessere Kenntnis der Histophysiologie des Inselgewebes gibt eine Neubewertung der in den Inseln der Diabetiker beobachteten Veränderungen. Es wurden sowohl quantitative als auch qualitative Änderungen beobachtet, die einerseits die Inselzellen, andererseits auch das Inselstroma betreffen. Sie bestehen nach W. Gepts aus Degranulierung und hydropischer Umwandlung, ferner aus Atrophie und cytologischen Veränderungen der Inselzellen. An Änderungen des Stromas sind bekannt: Fibrose, Hyalinose und entzündliche Infiltrate.

Sekretion des Insulins. Für die Regulation der Insulinsekretion im physiologischen Bereich sind beim Menschen drei voneinander unabhängige Mechanismen verantwortlich, nämlich bestimmte Nahrungsstoffe, Hormone und Einflüsse des Nervensystems. Der am besten erforschte Bereich ist die Wirkung einzelner Nahrungsbestandteile auf die Insulinsekretion: Glucose gilt als der stärkste Reiz für die Insulinabgabe. Von Hemmsubstanzen der Insulinsekretion hat vor allem experimentell die Mannoheptulose eine Bedeutung. Beim jugendlichen Diabetes hängt das Nachlassen der Insulinsekretion mit einem Schwund der B-Zellen zusammen, der als Kernschädigung dieser Zellen auftritt. Beim Alters-Diabetes liegen andere Verhältnisse vor: Die B-Zellen sind oft klein und zytologisch wenig aktiv, d. h. sie arbeiten mangelhaft und reagieren auf den physiologischen Reiz der Hyperglycämie zu langsam und ungenügend. In heutiger Sicht erscheinen die meisten cystologischen Veränderungen wie Fibrose, Hyalinose und hydropische Umwandlung der B-Zellen als Sekundärfolgen.

2.1.3.4. Sonderstellung von Fructose, Sorbit und Xylit (sog. „Diabeteszucker")

a) Fructose (Laevulose). Im Gegensatz zur Glucose kann Fructose in der Leber auch bei Insulinmangel phosphoryliert und abgebaut bzw. zur Glycogensynthese herangezogen werden. Glucose und Fructose haben nicht den gleichen Abbauweg. Die Fructose mündet einige Stufen später als Glucose in die Reaktionsfolge der Glycolyse ein (s. Formulierung unten). In der Leber wird unter Beteiligung des Enzyms Fructokinase (Ketokinase) und ATP insulinunabhängig aus Fructose zuerst *Fructose-1-phosphat* gebildet, das dann *direkt* zu Triosen, nämlich in den freien *Glycerinaldehyd* (nicht phosphoryliert) und in *Dihydroxyaceton* gespalten wird. Der freie Glycerinaldehyd wird entweder zu Glycerin reduziert oder zur *Glycerinsäure* oxydiert und phosphoryliert. Erst in diesem Stadium ist der Anschluß an den glycolytischen Abbauweg (Embden-Meyerhof-Weg) erreicht, so daß dann die *Phosphoglycerinsäure*, die zu

Tab. 4 Zusammenstellung der wichtigsten Stoffwechselstorungen bei
Insulinmangel

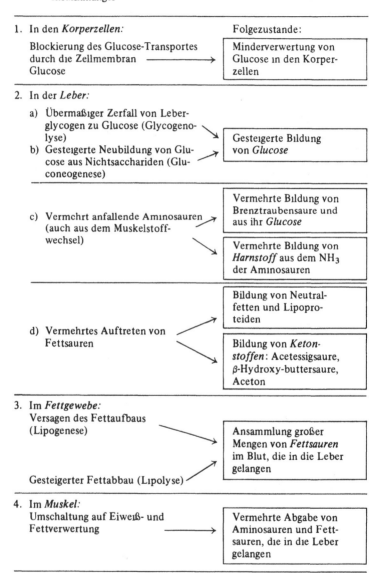

1. In den *Korperzellen*:   Folgezustande:

   Blockierung des Glucose-Transportes   Minderverwertung von
   durch die Zellmembran ⟶   Glucose in den Korper-
   Glucose   zellen

2. In der *Leber*:

   a) Übermaßiger Zerfall von Leber-
      glycogen zu Glucose (Glycogeno-   Gesteigerte Bildung
      lyse)   von *Glucose*
   b) Gesteigerte Neubildung von Glu-
      cose aus Nichtsacchariden (Glu-
      coneogenese)

   c) Vermehrt anfallende Aminosauren   Vermehrte Bildung von
      (auch aus dem Muskelstoff-   Brenztraubensaure und
      wechsel)   aus ihr *Glucose*

                                                 Vermehrte Bildung von
                                                 Harnstoff aus dem NH$_3$
                                                 der Aminosauren

   d) Vermehrtes Auftreten von   Bildung von Neutral-
      Fettsauren   fetten und Lipopro-
                                                 teiden

                                                 Bildung von *Keton-
                                                 stoffen*: Acetessigsaure,
                                                 β-Hydroxy-buttersaure,
                                                 Aceton

3. Im *Fettgewebe*:
   Versagen des Fettaufbaus   Ansammlung großer
   (Lipogenese)   Mengen von *Fettsauren*
                                                 im Blut, die in die Leber
   Gesteigerter Fettabbau (Lipolyse)   gelangen

4. Im *Muskel*:
   Umschaltung auf Eiweiß- und   Vermehrte Abgabe von
   Fettverwertung ⟶   Aminosauren und Fett-
                                                 sauren, die in die Leber
                                                 gelangen

den Triosephosphaten gehört, in das Schlüsselprodukt des anaeroben und aeroben Saccharid-Stoffwechsels, nämlich in *Brenztraubensäure* übergeführt werden kann.

Da das zur Phosphorylierung der Fructose notwendige Enzym (Fructokinase) nur in der *Leber* in genügender Aktivität vorkommt, läuft der Fructose-Stoffwechsel im wesentlichen in der Leber ab. Der Diabetiker kann so viel *Fructose verwerten, wie die Leber zu bewältigen vermag;* was darüber hinaus an Fructose zugeführt wird, geht in Glucose über (Fructosurien S. 5).

$$\text{Glucose} + \text{ATP} \xrightarrow[\text{insulinabhangig}]{\text{Hexokinase}} \text{Glucose-6-phosphat} + \text{ADP}$$

$$\text{Fructose} + \text{ATP} \xrightarrow[\text{insulin\textit{un}abhangig}]{\text{Ketokinase}} \text{Fructose-1-phosphat} + \text{ADP}$$

Abbauwege von Glucose und Fructose

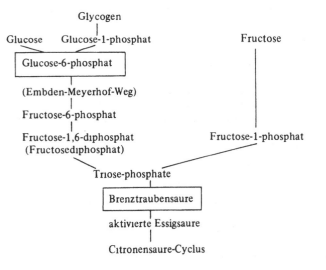

Eine dem Kalorienbedarf der Leber entsprechende Fructosemenge von 60-90 g uber den ganzen Tag verteilt kann nach *H. Mehnert* u. a. zusatzlich zum übrigen Saccharidanteil der Diabetikerdiat verabreicht werden. Hierbei ist zu berucksichtigen, daß Fructose in merklichen Anteilen in *Obst* und *Obstsaften* vorliegt. Übergewichtigen *Altersdiabetikern*, die auf eine Reduktionskost eingestellt sind, sollte man wegen des Kalorienwertes zusatzlich keine Fructose geben. Zu beachten ist auch, daß beim instabilen *jugendlichen Diabetiker* die Fructosetoleranz herabgesetzt ist und es eher zu einer Umwandlung von Fructose zu Glucose kommt. In diesen Fällen muß die Fructosezufuhr niedrig gehalten werden und auf eine Dosierung von etwa drei- bis viermal täglich 10 g Fructose zwischen den Mahlzeiten eingestellt sein.

b) Sorbit und Xylit. Sorbit ist ein in Vogelbeeren vorkommender sechswertiger Alkohol (Hexit), der im Handel als *Sionon* bezeichnet wird. In der Leber wird Sorbit durch Hydrierung in Fructose umgewandelt und als solche in beschränktem Maß vom Diabetiker verwertet.

Sorbit mit Cyclamat, einem künstlichen Süßstoff, gemischt heißt „*Lihn Diabetiker Zucker*" und Kristallsaccharin mit Sorbit trägt die Bezeichnung „*Siononzuckersüß*". Da Sorbit nicht gärungsfähig ist, hat er für die Herstellung von Obstkonserven für Diabetiker eine besondere Bedeutung.

Xylit ist ein fünfwertiger Alkohol (Pentit), der ebenfalls als Süßungsmittel dient. Er ist ein regelmäßiges Zwischenprodukt des Saccharid-Stoffwechsels und zwar als Glied des Glucuronsäure-Xylulose-Cyclus (S. 10), der eine Erweiterung des Pentose-Phosphat-Cyclus darstellt. Der Xylit-Stoffwechsel verläuft *un*abhängig vom Insulin. Der Blutzuckerspiegel und die Glucoseausscheidung im Harn werden durch Xylitgaben nicht beeinflußt.

Der Organismus vermag verhältnismäßig große Mengen an Xylit umzusetzen. Da der Xylit-Stoffwechsel *un*abhängig vom Insulin verläuft und Xylit denselben Süßungsgrad und Geschmack wie Saccharose besitzt und außerdem die diabetischen Stoffwechselstörungen, insbesondere im Bereich des *Fett*stoffwechsels beheben kann (antiketogene Wirkung?) ist Xylit als Zuckeraustauschstoff für den Diabetiker gut geeignet.

Während künstliche Süßungsmittel wie *Saccharin, Cyclamate* und *Dulcin* praktisch keinen Kalorienwert haben, müssen die Brennwerte von Fructose, Sorbit, Xylit und auch von Äthylalkohol wie bei Sacchariden berücksichtigt werden.

Milchzucker als Bestandteil von Medikamenten darf nach *H. Mehnert* bei der Berechnung der BE (Broteinheiten) in so kleinen Mengen vernachlässigt werden, da es sich kaum um mehr als 1/5 bis 1/10 BE betragen dürfte.

2.1.3.5. Äthylalkohol und Diabetes

Wie Glucose und Fructose wird auch der *Äthylalkohol* in den glycolytischen Abbauweg eingeschleust und beim Diabetiker in *kleinen* Mengen gut verwertet. Wenn aber die Leberfunktion

44

gestört ist, wie dies beim Diabetes häufig der Fall ist, dann kann die Zufuhr von Alkoholika zu einer Stoffwechselentgleisung mit Anstieg der Glycolyse und Glycogenverarmung führen. Als Folge der Glycogenarmut der Leber kommt es zum Auftreten einer Hypoglycämie d. h. eines Unterzuckerungszustandes (s. „Alkohol-bedingte *Hypoglycämie*" S. 85).

Die intermediäre Alkoholoxidation führt zu einer vermehrten Bildung von aktivierter Essigsäure (Acetyl-CoA S. 36), die bei Diabetes ohnehin schon krankhaft erhöht ist. Die alkoholbedingte Verschiebung des Redoxpotentials zur negativen Seite hat eine verminderte Synthese von Oxalaceteat zur Folge, die zur Hemmung der Gluconeogenese und zur Drosselung der Endoxydation im Citronensäure-Cyclus führt (S. 37). Darüber hinaus verursachen Alkoholgaben eine *Hypertriglyceridämie* (= Zunahme der Neutralfette im Serum), wodurch die beim Diabetiker vorhandene *Hyperlipämie* weiterhin vermehrt wird. Dieses Verhalten trägt zu einer weiteren Verminderung der Endoxidation im Citronensäurecyclus bei. Zusammenfassend läßt sich sagen, daß größere Äthylalkoholgaben die schon bestehenden diabetischen Stoffwechselstörungen verschlechtern und das Auftreten einer Ketoacidose begünstigen (S. 48).

2.1.3.6. Wirkungsmechanismus der oralen Antidiabetika

Wenn beim Diabetiker eine Diät-Behandlung allein nicht ausreicht, dann müssen zusätzlich orale Antidiabetika gegeben werden. Es stehen zwei Gruppen dieser Pharmaka zur Verfügung, die *Sulfonamidderivate* (bzw. Sulfonylharnstoffabkömmlinge) und die *Biguanide*. Die Sulfonamidderivate haben keinen antibakteriellen Effekt mehr. Als Vertreter dieser Pharmakagruppe wird *Glibenclamid* (Euglucon 5) und als Beispiel für ein Biguanidpräparat *Phenformin* (Dipar) angeführt.

Glibenclamid (Euglucon 5)

Phenformin (Phenylathyl-biguanid)
(Dipar)

45

Der Hauptangriffspunkt der *Sulfonamidderivate* sind die B-Inselzellen im Pankreas. Diese werden zur Insulinsekretion angeregt, d. h. die Wirkung ist an das Vorhandensein von funktionstüchtigen B-Zellen gebunden (B-Zellen-cytotroper-Effekt). Der Erwachsenendiabetes eignet sich zur Behandlung mit Sulfonamidderivaten, während der juvenile Diabetiker und natürlich auch der sekundäre Pankreasdiabetes (pankreatipriver Diabetes) nicht auf Sulfonamidderivate anspricht. Wegen des Sekretionseffektes hat man vermutet, daß nach längerer Anwendung dieser Pharmaka eine Erschöpfung der B-Zellen auftreten würde („Spätversager"). Diese Befürchtung hat sich aber nicht bestätigt.

Die Frage, ob die Sulfonamidderivate zusätzlich noch extrapankreatische Angriffspunkte haben, konnte bis jetzt nicht geklärt werden. Folgende Vermutungen werden diskutiert: Beeinflussung der NNR mit Freisetzung von Adrenalin; Wirkung auf die Sekretion intestinaler Hormone; Verstärkung der endogenen Insulinwirkung; Steigerung der Glucoseverwertung in der Leber; Hemmung der Gluconeogenese; Hemmung der Lipolyse.

Ganz anders liegen die Verhältnisse bei den *Biguaniden.* Obwohl der Wirkungsmechanismus noch nicht restlos geklärt ist, besteht kein Zweifel, daß sie beim Diabetiker einen blutzuckersenkenden Effekt haben. Es steht auch fest, daß die Biguanide auf andere Weise als die Sulfonamidderivate wirken, nämlich *extrapankreatisch.* Der Effekt ist nur möglich, wenn endogenes oder exogenes Insulin zur Verfügung steht. Wahrscheinlich bewirken die Biguanide eine Verminderung der Glucoseneubildung und eine Verbesserung der Glucoseutilisation in den peripheren Geweben. Zusätzlich kommt noch eine Hemmung der Resportion von Nahrungsstoffen aus dem Darm in Frage.

Wegen der verschiedenen Angriffspunkte der oralen Antidiabetika ergeben sich in der Anwendung bestimmte Voraussetzungen und Grenzen. Alle oralen Antidiabetika sollen erst angewendet werden, wenn eine alleinige Diätbehandlung keinen oder nur einen unbefriedigenden Erfolg hat (z. B. Blutzuckerkonzentration postprandial höher als 250 mg/100 ml; 24 Stunden Glucosurie mehr als 20 g). Die Therapie mit oralen Antidiabetika ist wieder abzusetzen, wenn der Stoffwechsel auch ohne Tabletten ausgeglichen ist. Viele übergewichtige Diabetiker kommen nach Gewichtsverlust und Einhalten der Diät wieder in ein Stoffwechselgleichgewicht.

Die Sulfonamidderivate eignen sich nur für Patienten vom *Typ des Erwachsenendiabetes,* da bei ihm noch funktionierende B-Zellen vorhanden sind. Eine Kombinationstherapie mit Sulfonamidderviaten und Insulin kommt kaum in Betracht, obwohl von einigen Autoren für Einzelfälle Erfolge beschrieben worden sind. Die

Anwendung von *Biguanidinen* wird bevorzugt, wenn eine Reduzierung des Körpergewichts im Vordergrund steht, da diese Pharmaka im Gegensatz zu den Sulfonamidabkömmlingen die Lipogenese (Fettbildung) hemmen. Die umstrittene Hemmung der Resoprtion der Nahrungsstoffe würde die Gewichtsabnahme fördern, sofern diese nicht mit der verringerten Nahrungsaufnahme zusammenhängt.

Da die Biguanide nur mit Hilfe von endogenem oder exogenem Insulin ihren blutzuckersenkenden Effekt entfalten können, ist ihre Anwendung praktisch nur beim übergewichtigen Erwachsenen-Typ mit vorhandener endogener Insulinproduktion angezeigt. Auch bei Vorliegen einer Sulfonamid-Allergie werden auch Biguanide verordnet. Eine Kombinationstherpaie mit Sulfonamidderivaten ist bei starker Stoffwechselstabilität angezeigt und die Kombination mit Insulin ist vor allem beim juvenilen Diabetiker zu versuchen.

Die bei *Überdosierung von oralen Antidiabetika* auftretenden *Hypoglycämien* werden auf S. 84 besprochen.

2.1.4. Pathophysiologie und Biochemie des Coma diabeticum

Unter *Coma* versteht man allgemein einen Zustand langdauernder, tiefer *Bewußtlosigkeit,* die sich im Gegensatz zum Schlafzustand oder zur Benommenheit bzw. Somnolenz durch äußere Reize (lautes Anrufen, Wachrütteln, Kneifen) *nicht* unterbrechen läßt. Außer dem diabetischen Coma (hyperglycämischem Coma) gibt es noch eine Reihe anderer Comaformen wie hypoglycämisches Coma bei Blutglucoseerniedrigungen, Coma uraemicum bei Niereninsuffizienz, Coma hypochloraemicum bei Störungen im Kochsalz- und Wasserhaushalt, Coma hepaticum bei schwerer Leberzellschädigung Coma thyreotoxicum bei Hyperthyreoidismus, Coma apoplecticum bei Gehirnblutungen und Coma bei Schädel-Hirn-Traumen.

2.1.4.1. Verschiedene Formen des Coma diabeticum

Nach der vorherrschenden Grundursache unterscheidet man drei *diabetische Comaformen,* die natürlich auch als Mischformen auftreten (Tab. 5). Nur die beiden erstgenannten Formen, das ketoacidotische und hyperosmolare Coma, sind diabetischer Natur und direkt durch Insulinmangel bedingt, *nicht* das lactoacidotische Coma, das als Folge ausgedehnter hypoxämischer Prozesse auftritt, die auch bei Lungen-, Herz- und Kreislaufinsuffizienz vorkommen können.

a) *Coma mit Ketoacidose (ketoacidotisches Coma)*
b) *Coma mit Hyperosmolarität (hyperosmolares Coma* oder nicht-acidotisches bzw. anacidotisches Coma)
c) *Coma mit Lactacidose (lactacidotisches Coma)*

a) Coma mit Ketoacidose (ketoacidotisches Coma). Beim Diabetes liegt ein gesteigerter Fettabbau im Fettgewebe, d. h. eine Lipolyse vor, die zu einer Ansammlung großer Mengen freier Fettsäuren und weiterhin zu einer stark vermehrten Produktion aktivierter Essigsäure (Acetyl-Co A) führt. Wenn die Kapazität der *Leber* und *Muskulatur* erschöpft ist, die aktivierte Essigsäure im Citronensäurecyclus zu verwerten, dann kommt es zur *Ketogenese,* d. h. zur gesteigerten Bildung der β-Ketosäure *Acetessigsäure:* Aus zwei Molekülen aktivierter Essigsäure bildet sich ein Molekül aktivierte Acetessigsäure (Acetacetyl-Co A), die entgegengesetzt den normalen Stoffwechselverhältnissen in Acetessigsäure bzw. freies Acetacetat und Coenzym A zerfällt. Aus der Acetessigsäure entstehen durch Reduktion (Hydrierung) β-*Hydroxybuttersäure* (β-Hydroxybutyrat) und durch Decarboxylierung *Aceton.* Diese beiden Produkte werden als *Ketonstoffe* bezeichnet (chemische Formulierung S. 40). Als weiteres Zeichen einer gestörten Glucoseverwertung steigt der *Milchsäuregehalt* im Serum an *(Hyperlactämie),* besonders dann wenn durch zusätzliche Schädigungen das Gewebe an Sauerstoff stark verarmt.

Normalerweise kommen die Ketonstoffe und auch die Milchsäure nur in geringer Konzentration im Blut vor (Ketonstoffgehalt 1 mg/100 ml). Bei vermehrtem Auftreten dieser Stoffe, insbesondere der stark sauer reagierenden *Acetessigsäure* werden im Organismus zur Neutralisation Puffersubstanzen gebunden. Dadurch wird die Alkalireserve, d. h. das Plasmabicarbonat vermindert, was zur Folge hat, daß weniger CO_2 zum Abtransport gebunden werden kann.

Die Puffersysteme können eine gewisse Anhäufung von Säuren abfangen, ohne daß sich der pH-Wert des Blutes ändert. Der Organismus versucht durch Überventilation mit Hilfe der *Kußmaulschen großen Atmung* überschüssig anfallendes CO_2 abzuatmen: *kompensierte Acidose.* Die *Kußmaul*sche große Atmung ist durch tiefe, regelmäßig aufeinanderfolgende Ein- und Ausatmungsbewegungen charakterisiert. Wenn trotz der Überventilation die Anhäufung von Säuren weiter zunimmt, dann kommt es zu einer Erschöpfung der Alkalireserve und damit zu einer Stauung des CO_2 in den Geweben. Schließlich stellt sich der Zustand der *dekompensierten Acidose* (Säurevergiftung) mit einer Erniedrigung des pH-Wertes des Blutes ein. Dieses Stadium entspricht einer *metabolischen, d. h. stoffwechselbedingten Acidose* (Acidosis; Acidämie), die zu dem mit

Bewußtseinstrübung einhergehenden acidotischen Coma diabeticum führt. Bei dem am häufigsten vorkommenden *acidotischen Coma mit Ketoacidose* steht die vermehrte Bildung von Ketonstoffen (Ketogenese) ursächlich im Vordergrund der Störung (Tab. 5, S. 51).

Die Acidose ist nicht die alleinige Ursache der Bewußtseinstrübung im diabetischen Coma. Möglicherweise werden auch direkte *toxische* Schädigungen des Gewebes, insbesondere des Gehirns, durch die fettlöslichen Ketonstoffe und noch andere unbekannte Stoffwechselprodukte hervorgerufen.

Sicher spielen beim ketoacidotischen Coma auch die Veränderungen im *Wasser-* und *Mineral- bzw. Elektrolythaushalt* eine Rolle. Der dekompensierte Diabetiker verliert infolge der durch die Glucosurie bedingten *osmotischen Diurese* mit Polyurie große Mengen Wasser (bis zu 10 % des Körpergewichts). Dieses renal bedingte Wasserdefizit wird durch Überventilation (*Kußmaul*sche Atmung) noch vergrößert. Wenn der Wasserverlust durch vermehrte Flüssigkeitszufuhr bzw. durch Trinken nicht mehr ausgeglichen werden kann, dann kommt es zur *Hyperosmolarität* des Blutes, wobei der osmotische Druck des Blutplasmas im Verhältnis zur extrazellulären Flüssigkeit über die Norm erhöht ist. Zusätzlich wird die Hyperosmolarität durch die Hyperglucämie und die Erhöhung des Fettsäurengehaltes im Blut noch verstärkt. Die Hyperosmolarität führt zum *Exsiccose-Symptom* (Austrocknungs-Symptrom, s. unten).

Auch die Organzellen geben Wasser ab, so daß zu dem *extrazellularen* Wassermangel auch ein *intrazellularer* hinzukommt. Die allgemeine Exsiccose hat eine Abnahme der zirkulierenden Blutmenge und eine Bluteindickung zur Folge, d. h. eine Abnahme des Blutvolumens, was wiederum einen Kreislaufkollaps in der Form des *Volumenkollaps* mit Nierenversagen bis zur Anurie auslosen kann. Durch die eingetretene Ausscheidungsschwache der Nieren mit Retention harnpflichtiger Stoffe (Rest-N-Erhöhung; Azotamie) wird die Osmolaritat des Blutes und damit der intrazellulare Wassermangel weiter verstarkt. Neben dem Wasserhaushalt ist beim Coma diabeticum auch der *Mineralhaushalt* gestört. Durch die Plyurie und Ketonurie werden dem Organismus *Natrium-* und *Kaliumionen* entzogen, die zur Neutralisation der im Harn ausgeschiedenen organischen Sauren verwendet werden. Durchfälle und Erbrechen verstarken weiterhin diesen Elektrolytverlust. Wegen der vorhandenen Bluteindickung lassen sich diese Elektrolytverluste im Blut nicht ohne weiteres nachweisen. Die Bewußtlosigkeit im Coma Diabeticum wird heute in erster Linie durch eine *Exsiccose der Gehirnzellen* infolge der Hyperosmolaritat des Blutes und des Liquors erklart.

b) Coma mit Hyperosmolarität (nicht-acidotisches oder anacidotisches Coma) Diese erst seit 1957 genauer bekannte Comaform geht *ohne* Ketoacidose einher und wird durch eine erhebliche *Hyperosmolarität* (s. oben) verursacht. Typisch für diese Comaform sind die *extrem hohen Blutglucosewerte (zwischen 600 und 300*0 mg/100 ml). Die Hyperglycämie ist osmotisch wirksam, sie zieht Wasser aus dem intrazellulären Flüssigkeitsraum ab und läßt den extrazellulären Flüssigkeitsraum anschwellen. Es kommt zu einer *Hyponatriumämie.* Die verstärkte Hyperosmolarität führt zur Exsiccose auch der Gehirnzellen, die der Bewußtseinstrübung und den neurologischen Begleitsymptomen zugrunde liegen. Die neurologischen Befunde reichen von milder Desorientiertheit bis zu fokalen oder generalisierten Krampfanfällen.

Bei der hyperosmolaren Comaform besteht offenbar nur ein relativer Insulinmangel, so daß das Angebot von freien Fettsäuren an die Leber beschränkt bleibt und deshalb keine vermehrte Bildung von Ketonstoffen zustande kommt. Zu den *Laborbefunden* gehören: Starke Glucosurie und extreme Hyperglycämie, keine Acetonurie und keine Ketoacidose. Außerdem sind häufiger zu registrieren: Leucocytose, Bluteindickung mit ansteigendem Hb-Gehalt und vermehrten Proteinen; Azotämie (Rest-N-Kreatin-Verhältnis 30:1); metabolische Acidose mit Nierenversagen oder Schock.

Die starke Glucosurie beeinträchtigt die Rückresorption von Wasser und Natrium in den Nierentubuli. Sie steigert den Harnfluß (Polyurie), läßt den Körper an Natrium und Wasser verarmen und führt so zur Dehydratation und erheblichem *Durstgefühl.*

Das hyperosmolare Coma tritt meistens bei *Erwachsenen-Diabetikern* auf, die noch über eine Restproduktion von körpereigenem Insulin verfügen. Bei ihnen kommt es allein aufgrund einer starken Hyperglycämie zur Exsiccose und Bewußtseinstrübung ohne Ketoacidose. Häufig allerdings folgt die Ketoacidose nach. Das hyperosmolare Coma stellt sich oft nach einem Trauma ein (Injektion, Gastroenteritis, Pankreatitis, Verbrennungen, eingreifende Medikation, z. B. Thiacid-Diuretika und Steroide). Oft wird der Zustand erstmals durch das hyperosmolare Coma diagnostiziert. Die *therapeutisch wichtigste Maßnahme* ist die Flüssigkeitszufuhr. Nach *Siegenthaler* und *Mehnert* infundiert man eine Mischung von 0,45 %iger Kochsalz- und 2,5 %iger Fructoselösung, wovon mindestens 2−3 Liter rasch intravenös gegeben werden sollen. Fructoseinfusionen werden deshalb vorgezogen, weil durch Glucose die Hyperglycämie und Glucosurie unterhalten werden. Außerdem ist Kalium zu substituieren. Insulin darf nur vorsichtig verabreicht werden.

c) Coma mit Lactacidose (lactacidotisches Coma) Sehr selten tritt eine weitere diabetische Comaform auf, bei der die *Acidose* durch vermehrte Anhäufung von Blutmilchsäure hervorgerufen wird *Hyperlactämie*. Schließlich führt die Hyperlactämie zu einer dekompensierten Lactacidose und damit zum lactacidotischen Coma (Tab. 5).

Tab. 5. Schema der diabetischen Comaformen (s. Text)
(nach einem Schema von E. R. *Froesch* u. P. H. *Rossier*)

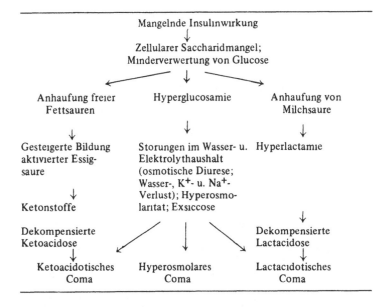

Leitsymptome des Coma diabeticum

Die diabetischen Comaformen sind vor allem durch die Trias charakterisiert:

Hyperglucosamie – – – *Glucosurie* – – – *Bewußtseinstrübung*

Beim *ketoacidotischen Coma* besteht eine dekompensierte Ketoacidose mit Ketonurie und Blutacidose. Das *hyperosmolare Coma* (nicht-acidotische oder anacidotische Coma) geht mit starker Hyperosmolarität *ohne* Acidose einher und dem *lactacidotischen Coma* liegt eine dekompensierte Lactacidose zugrunde. Bei allen diabetischen Comazustanden ist infolge der Kalium- und Natriumverluste ein intra- und extrazellulärer Elektrolytmangel vorhanden.

Tab. 6 Leitsymptome der diabetischen Comaformen

	Coma mit Ketoacidose	Coma mit Hyperosmolarität	Coma mit Lactacidose
Blutglucose	erhoht	extrem erhöht	maßig erhöht
Ketonstoffe	+++	ϕ bis (+)	ϕ
pH-Wert des Blutes	immer erniedrigt	normal oder erniedrigt	immer erniedrigt
pCO_2	immer erniedrigt	normal	immer erniedrigt
Natrium/ Kalium	normal bis erhoht	normal bis erhoht	normal; Milch saure erhoht
Atmung	Kußmaulsche Atmung	normale Atmung	Kußmaulsche Atmung
Acetongeruch	++	ϕ	ϕ

2.1.4.2. Allgemeinsymptome des diabetischen Coma

Im präcomatösen Zustand treten Übelkeit, Mattigkeit, Schwächegefühl, Brechreiz, vermehrtes Durstgefühl und stärkere Polyurie auf. Diese Prodromalerscheinungen gehen dann in Schläfrigkeit und Benommenheit (Somnolenz) über; es tritt Erbrechen auf und die Ausatmungsluft hat bei dem ketoacidotischen Coma einen starken obstähnlichen Acetongeruch. Es können sich schmerzhafte Magen-Darmbeschwerden, auch peritoneale Reizerscheinungen einstellen *(Pseudoperitonitis diabetica)*, die zu Fehldiagnosen (evtl. zur Laparatomie) verleiten lassen. Schließlich entwickelt sich im weiteren Verlauf der eigentliche *Comazustand* mit den Symptomen:

Tiefe Bewußtlosigkeit, Herabsetzung oder Fehlen der Sehnenreflexe (Areflexie), Erniedrigung des Muskeltonus und Gewebsturgor (daher *Weichheit der Augenbulbi* infolge Minderung des intraokularen Druckes); die Pupillen sind weit und zeigen keine oder nur eine trage Reaktion auf Licht. Infolge der Wasserverarmung kommt es zum *Exsiccose-Symptom*, d. h. zum Austrocknungs-Symptom: Haut und Schleimhaute sind trocken; die *Haut* laßt sich charakteristischerweise in *Falten* hochheben, die eine Zeitlang bestehen bleiben. Lippen und Zunge sind trocken, rissig und mit Borken belegt (beim hypoglucamischen Schock ist die Zunge immer feucht (s. Tab. 7;

S. 53). Bei den acidotischen Comaformen findet man eine *Überventilation* (*Kußmaul*sche Atmung) und beim ketoacidotischen Coma außerdem noch einen Acetongeruch der Ausatmungsluft und eine Ketonurie. Eine starke *Hyperglucamie* (400—1000 mg/100 ml) und eine *Glucosurie* runden das Symptomenbild ab.

Die Storungen im *Mineralhaushalt* außern sich in einer *Hypochloramie* und *Hypokaliamie,* die zu partiellen Lahmungen (auch der Atemmuskulatur) führen konnen. Infolge der Bluteindickung sind die Blutbestandteile relativ *erhoht* (Hamatokritwert; Hamoglobingehalt, Erythrocyten- und Leucocytenzahl).

Tab. 7: Zur Differentialdiagnose zwischen Coma diabeticum und hypoglycamischen Zustanden (S. 75) dienen folgende klinische und biochemische Symptome:

	Coma diabeticum	Hypoglycamie (hypoglycamisches Coma)
Beginn	schleichend	plotzlich
Allgemeinzustand	somnolent oder bewußtlos	unruhig
Augenbulbi	weich	normal oder gespannt
Haut, Zunge	trocken	feucht
Atmung	große tiefe Atmung (nach Kußmaul)	oberflachliche, beschleunigte Atmung
Atemgeruch	nach Aceton (obstartig)	normal
Durstgefuhl	ja	nein
Blutzucker	hoch (meist uber 400 mg/ 100 ml)	nieder (je nach Schwerestadium; meist unter 50 mg/100 ml)
Harnzucker	stark positiv	negativ (bis leicht positiv; evtl. Hungerzustand)
Harnaceton	immer positiv	selten positiv (Hungeracidosis)
Sehnenreflexe	abgeschwacht oder Areflexie	gesteigert (Hyperreflexie; positiver Babinski)
Muskulatur	schlaff	rigide
Motilitat	schlaffe Bewegungslosigkeit	Krampfanfalle

Da das hyperosmolare, nicht-acidotische Coma meistens beim Altersdiabetes auftritt, *kann infolge der erhöhten Nierenschwelle* für Glucose der
Harn zuckerfrei sein, obwohl der Blutglucosegehalt erheblich erhöht ist.
Wenn der Comazustand schon einige Zeit besteht, dann kann infolge der Abnahme der zirkulierenden Blutmenge bereits ein Kreislaufkollaps mit nach-
folgender Oligurie und Anurie eingetreten sein. Beim nicht-acidotischen,
hyperosmolaren Coma sind die Exsiccosezeichen – trockene Zunge, Lippen
und Mundhöhle, weiche Augenbulbi und in Falten abhebbare Haut – meistens stärker ausgeprägt.
Häufig gehen einem Coma diabeticum Krankheiten insbesondere *Infekte*
voraus, die einen vermehrten Insulinbedarf benötigen. Auch ständige Diät-
fehler, Weglassen der Insulininjektionen oder *Unfälle* lösen häufig den Comazustand aus.
Von einem *Coma diabeticum sind andere mit Bewußtseinstrübung einhergehende Krankheitsbilder* abzugrenzen: Hypoglycämisches Coma (S. 77),
cerebraler Insult, Encephalitis, Meningitis, Commotio und Contusio cere-
bri, Vergiftungen und Herzinfarkt mit Kreislaufkollaps.
Zur Differentialdiagnose zwischen *Coma diabeticum* und *hypoglucämischem Schock* dienen die in Tab. 7 aufgeführten Kriterien. Mit Hilfe von
Blutzucker-Teststreifen läßt sich die halbquantitative Bestimmung des Blutzuckers durchführen, so daß beim bewußtlosen Diabetiker rasch entschie-
den werden kann, ob es sich um einen hyper- oder hypoglucämischen
Schockzustand handelt (Hämo-Glucotest; Dextrostix).

2.1.4.3. Zur Therapie des Coma diabeticum

Das Coma diabeticum verlangt im allgemeinen eine hohe Insulindosie-
rung, weil der Wirkungseffekt des Insulins hochgradig gemindert ist. Der behandelnde Arzt gibt sofort bis zum Abtransport in stationäre Behandlung
50 I.E. Alt-Insulin intravenös und 50 I.E. Alt-Insulin intramuskulär. Dem
Krankenhausarzt werden die getroffenen Maßnahmen mitgeteilt. Weitere Gaben von Alt-Insulin werden im Krankenhaus teils intramuskulär, teils durch
Dauertropfinfusion verabreicht bis im ganzen in den ersten drei Stunden
etwa 250 I.E. erreicht sind. Oft müssen während der ersten 24 Stunden bis
zu 1200 I.E. Alt-Insulin gegeben werden. Noch höhere Dosen zeigen keine
besseren Effekte, so daß ,,heroische Dosen'' von mehreren 1000 I.E. ent-
behrlich sind. Nach hohen Insulingaben kann das diabetische Coma unmerklich in eine hypoglycämische Phase übergehen. Aus diesem Grund und auch
bei diagnostischer Unsicherheit gibt man zusätzlich noch 50–100 ml 20–40
%ige Glucoselösung in Form einer Transfusion oder subcutan. Da die Glucose zu ihrer Verwertung Insulin benötigt, verwendet man zweckmäßig auch
Fructose als insulin-unabhängigen Zucker. Nach Verabfolgung von Zuckergaben kann die laufende Blutglucosebestimmung nicht mehr als Maßstab
der Insulinwirkung gewertet werden. Es ist daran zu denken, daß die Glucosegabe die Nieren belastet und die Gefahr einer Hypokaliämie mit sich
bringt. Die Depotinsuline, die den Vorteil der längeren Wirkungsdauer haben,
sind wegen des verzögerten Wirkungseintritts beim diabetischen Coma nicht
indiziert.
Durch Insulinsubstitution allein läßt sich das Coma diabeticum nicht be-

herrschen. Infolge des Insulinmangels entstehen sekundar Stoffwechselentgleisungen, die mitbehandelt werden müssen. Es handelt sich um *Storungen des Mineralhaushaltes* (Wasser-Basen-Defizit) und um eine eingeschrankte Nierenfunktion infolge des Flussigkeitsmangels verbunden mit einer Acidose. Bei jeder schweren Ketoacidose muß für eine optimale Nierenfunktion durch Ausgleich der Exsiccose und des Elektrolytverlustes gesorgt werden. Auch der Kreislauf muß behandelt werden, denn an der toxischen Kreislaufschadigung stirbt der unbehandelte oder zu spat in Behandlung kommende Comatóse.

Beim hyperosmolaren, *anacidotischen* Coma werden isotone oder leicht hypotone Losungen empfohlen (z. B. 3,5–5 %ige Glucoselösungen). Die Zufuhr von alkalischen Losungen ist nicht notwendig, da keine Acidose vorliegt. Die Anwendung von Basen kann die Hyperosmolaritat steigern und die Gefahr für den Comatosen noch vergroßern (*Rossier, Reuter* u. *Frick*).

Während in der Vorinsulinara das diabetische Coma für rund 70 % aller Diabetiker das Endstadium ihrer Krankheit bedeutete, sterben heute – nach Einführung der Insulintherapie – nur noch etwa 1,5 Prozent der Diabetiker im Comazustand. Anstelle des früher als wichtigste Komplikation der Zuckerkrankheit auftretende Coma diabeticum sind heute die Blutgefäßkomplikationen getreten (s. folgendes Kapitel).

2.1.5. Diabetes und Sport

Muskeltätigkeit und Stoffwechsel sind so eng miteinander verknüpft, daß bereits beim Stoffwechselgesunden ein längerer Mangel an körperlicher Bewegung (z. B. bei Bettlägerigkeit) zu Störungen im Stoffwechsel mit krankhaften Blutzuckerwerten führen kann. Dieser Zustammenhang erklärt, warum bei einer diabetischen Anlage einerseits ein Bewegungsmangel die Manifestation des Diabetes begünstigt und andererseits die aktive Muskeltätigkeit sich günstig auf den diabetischen Stoffwechsel auswirkt. Offenbar vollzieht sich die Glucoseverwertung und die Energieproduktion in der Skelettmuskulatur beim unkomplizierten Diabetes weitgehend unabhängig vom Insulinbedarf. Dieser Umstand erklärt die Tatsache, daß körperlich arbeitende Diabetiker weniger Insulin benötigen als solche, die keine besondere Muskelarbeit zu verrichten haben. Hiermit hängt auch zusammen, daß Insulindosen, die bei körperlicher Ruhe im Krankenhaus vertragen werden, zu Hause bei gewohnter beruflicher oder sportlicher Muskeltätigkeit sich als zu hoch erweisen und zu hypoglycämischen Zuständen führen.

Wenn der kompensierte Diabetiker noch *körpereigenes* Insulin abgeben kann, dann senkt sich der Blutzuckerspiegel bei genügend dosierter Muskelarbeit als Zeichen des vermehrten Umsatzes an Kohlenhydraten. In diesen Fällen wird durch Muskeltätigkeit die *übliche Diabetesbehandlung weitgehend unterstützt*. Bereits *Katsch*

hat in den 20er Jahren die muskuläre Arbeitstherapie beim Zuckerkranken systematisch durchgeführt.

> Beim leichten und mittelschweren kompensierten Diabetes stellt
> die regelmäßige, möglichst tägliche *Muskelarbeit oder sportliche
> Tätigkeit* eine zusätzliche Behandlungsmethode dar. Die sport-
> liche Betätigung soll dosiert und ohne Wettkampfbedingungen
> ausgeübt werden. Beim Vorliegen eines schweren Diabetes wird
> eine anstrengende körperliche Betätigung nicht vertragen.

Neben der Freude an der eigenen Leistungsfähigkeit und dem
günstigen Einfluß auf den Stoffwechsel (Erhöhung des Saccharid-
umsatzes; Reduktion eines Übergewichts) gibt der *Sport* dem Diabetiker auch die Möglichkeit der Prophylaxe gegenüber Zweitkrankheiten und Spätkomplikationen.

Der Arzt muß für den Diabetiker eine Sportart wählen, die mit
kräftiger und anhaltender Muskelarbeit verbunden ist. Schnellkraft-
übungen (Kugelstoßen, Speerwerfen, Sprungübungen) sind nicht
geeignet. Sehr günstig für diese Zwecke ist ein wohldosierter Aus-
gleichssport mit Beanspruchung möglichst vieler Muskelgruppen,
um die Durchblutung in ausgedehnten Körpergebieten zu fördern.
Hierfür eignen sich Freiübungen, rasches Gehen, Dauerlauf (Wald-
lauf), Wandern, Skilauf, Schlittschuhlauf, Rodeln, Schwimmen,
Rudern, Sportspiele und viele andere Sportarten wie Radfahren,
Reiten, Tanzsport, Tennis und Tischtennis.

Bei notwendiger Insulintherapie sollten am besten die Zeiten
nach den Mahlzeiten ausgewählt werden. Ein Hochleistungssport
mit kurzen maximalen Energieausgaben ist für den Diabetiker un-
geeignet, da hierbei leicht eine Überanstrengung mit Erschöpfungs-
zustand oder eine Streß-Situation herbeigeführt werden können,
die sofort die Stoffwechsellage verschlechtern. Bei Diabetikern
mit bereits bestehender Angiopathie können Unterzuckerungszustände schwere Komplikationen zur Folge haben (z. B. Netzhaut-
blutung bei Retinopathie). Für einen Diabetiker, der keine Insulingaben benötigt und keine diabetischen Gefäßschäden aufweist, ist
eine Einschränkung des Leistungssport nicht indiziert. In diesem
Zusammenhang muß erwähnt werden, daß auch von Diabetikern,
die unter Insulinbehandlung standen, vereinzelt hervorragende
sportliche Leistungen vollbracht wurden (z. B. die beiden amerika-
nischen Daviscupspieler *Richardson* und *Talbot* und der schwe-
dische Tennisspieler *Bergelin*). Zur Vermeidung von Hypoglykämien sollten am Morgen eines voraussichtlich körperlich anstren-
genden Tages *weniger* Insulin und *mehr* Saccharide zugeführt werden.

Wenn der Diabetiker *kein* körpereigenes Insulin oder nur in zu geringer Menge liefern kann, dann steigt der Blutzuckergehalt durch schwere Muskelarbeit an und die Stoffwechsellage verschlechtert sich. Daher wird von körperlicher Schwerarbeit oder vom Wettkampfsport wegen der Gefahr der Entgleisung des Stoffwechsels mit Ketoacidose abgeraten. Wegen der vielfachen und variablen Faktoren, die bei der Regulation des Kohlenhydrat-Stoffwechsels mitwirken, können quantitative Beziehungen zwischen dem Insulinverbrauch und der Muskelarbeit nicht gemacht werden. Die von *Poirier* aufgestellte Beziehung, daß ,,ein Golfspiel fünf Einheiten Insulin ersetzt" kann nur als grobe Richtschnur gelten.

2.1.6. Zweitkrankheiten und Komplikationen bei Diabetes

Bei der überwiegenden Mehrzahl der Diabetiker treten nach 10−15 Jahren Diabetesdauer klinisch wahrnehmbare spezifische Spätsyndrome auf, die darauf hinweisen, daß der Diabetes nicht nur eine ,,Zuckerkrankheit" ist, sondern ein Krankheitsbild darstellt, das mehr oder weniger alle Organe erfaßt. Im Gegensatz zu den diabetesspezifischen Zweitkrankheiten gibt es weitgehend unspezifische Begleitkrankheiten, die in jedem Stadium des Diabetes auftreten können. Diese Begleitkrankheiten kommen bei einer erfolgreichen Diabetesbehandlung nicht oder nur in geringem Maß vor. Offenbar werden die Abwehrreaktionen gegen Infektionserreger und andere schädliche Einflüsse und die Lebensfähigkeit (Vitalität) der Zellen durch die Überladung der Gewebe mit Glucose und durch den Energiemangel ungünstig beeinflußt.

Die häufigsten Zweitkrankheiten zeigen sich am Blutgefäßsystem, an der Haut, am Nervensystem und an der Leber, so daß sich folgende Einteilung ergibt:

1. *Angiopathien (Gefäßkrankheiten) bei Diabetes*
   a) Makro-Angiopathie bei Diabetes
   b) Diabetische Mikro-Angiopathie
      α) Diabetische Glomerulosklerose
      β) Diabetische Retinopathie
2. *Andere Erkrankungen und Diabetes*
   a) Lebererkrankungen und Diabetes
   b) Hauterkrankhungen und Diabetes
   c) Arteriosklerose, Hypertonie und Diabetes
   d) Neurologische Erscheinungen (Neuropathie) und Diabetes

2.1.6.1. Angiopathien (Gefäßkrankheiten) bei Diabetes

Das Schicksal des Diabetikers wird heute in der Insulinära von der Entwicklung und vom Ausmaß der Gefäßkrankheiten bestimmt die nach vieljähriger Diabetesdauer, im allgemeinen nach 10–15 Jahren, klinisch in Erscheinung treten.

Von allen Spätsyndromen stehen die diabetischen Blutgefäßschäden an erster Stelle. Etwa 75 % der Diabetiker sterben an ihren Folgen, während im Gegensatz hierzu seit der Einführung der Insulintherapie die Sterbeziffer beim Coma diabeticum auf ein Minimum abgesunken ist. Der Diabetiker, der lange Zeit nur ein *Stoffwechselproblem* darstellt, wird im Stadium des Spätdiabetikers zu einem *angiologischen Problem*. Nach 25 Jahren Diabetesdauer haben praktisch alle Diabetiker feststellbare Blutgefäßkomplikationen an einem oder mehreren Organen.

Da das Ausmaß der Gefäßschäden bei schlechter Diabeteseinstellung zunimmt, ist eine frühzeitige Erkennung und eine sorgfältige Einstellung des Diabetes zur Verhütung bzw. Verzögerung des Auftretens von Gefäßkomplikationen unerläßlich.

Einteilung der Gefäßkrankheiten (Angiopathien) bei Diabetes.
Die bei Diabetes vorkommenden Gefäßkrankheiten werden zweckmäßig in *Makro-Angiopathie* und *Mikro-Angiopathie* eingeteilt:

a) Makro-Angiopathie bei Diabetes.

Die diabetes-unspezifische Makro-Angiopathie umfaßt die Erkrankungen der mittleren und größeren Blutgefäße. Bevorzugt werden die arteriellen Gefäße der unteren Extremitäten, die Koronar- und Gehirngefäße, sowie die Bauchgefäße, einschließlich der Pankreasgefäße.

b) Diabetische Mikro-Angiopathie.

Zu der *diabetes-spezifischen* Mikro-Angiopathie (Kapillaropathie) gehören die Erkrankungen der kleinsten Blutgefäße, vor allem die der *Nieren* (in Form der Glomerulosklerose) und des *Auges* (Retinopathie).
Beide Angiopathien, die Makro- und Mikro-Angiopathie, können gleichzeitig bestehen und ein einheitliches Krankheitsbild verursachen.

Makro-Angiopathie bei Diabetes

Die arterielle diabetische Makro-Angiopathie ist diabetes-unspezifisch und wird im allgemeinen als eine sich vorzeitig und verstärkt manifestierende Arteriosklerose (Atheromatose) angesehen. Bezüglich Lokalisation, Verlauf und Symptomatik bestehen einige Besonderheiten. Eine histologische Differenzierung der diabetischen Makro-Angiopathie von der Arteriosklerose ist nicht möglich.

Nach biochemischen Gesichtspunkten wird die Makro-Angiopathie mit Störungen im Fettstoffwechsel in Beziehung gebracht. Diabetiker mit einer Makro-Angiopathie zeigen – im Gegensatz zu Diabetikern mit einer Mikro-Angiopathie – einen erhöhten Gehalt an Fettsäuren, Triglyceriden und Phospholipoiden, wie dies allgemein bei *Atherosklerose* der Fall ist. Bei Diabetikern ohne Gefäßkomplikationen finden sich normale Triglyceridwerte.

Wie die Arteriosklerose (Atheromatose) erstreckt sich die diabetische Makro-Angiopathie auf die größeren Blutgefäße mit Befall vor allem von Herz, Niere, Gehirn und Extremitäten. Es hat sich jedoch erwiesen, daß die Makro-Angiopathie bei Diabetes meist generalisiert ist. Die diabetische Makro-Angiopathie tritt frühzeitiger auf als die Arteriosklerose ohne Diabetes und bei beiden Geschlechtern etwa gleich häufig im Gegensatz zur Arteriosklerose.

Zu den wichtigsten Ausdrucksformen der diabetischen Makro-Angiopathie gehören die

Koronarkrankheit (Koronarsklerose) und die
peripheren arteriellen Durchblutungsstörungen mit der Verschlußkrankheit

Koronarkrankheit mit Herzinfarkt kommt beim Diabetiker dreimal haufiger vor als beim Nichtdiabetiker. Der *Herzinfarkt ist die haufigste Todesursache* der Diabetiker. Oft ist die Koronarerkrankung das erste Symtom einer bis dahin noch nicht bekannten diabetischen Stoffwechselstörung. Haufig treten beim akuten Herzinfarkt vorubergehend Hyperglycamien und Glucosurien auf, die durch die *Streßwirkung* des Infarktes erklart werden, ohne daß ein echter Diabetes vorliegt. Diese infarktbedingten Hyperglycamien werden wie bei anderen Streßwirkungen durch Ausschuttung von Katecholaminen (Adrenalin, Noradrenalin) ausgelost. Aus diesem Grund ist ein latenter Diabetes beim Herzinfarktkranken erst 6 Wochen nach dem Herzinfarkt durch Glucose-Belastungsproben sicher nachzuweisen (S. 29).

Die *peripheren arteriellen Durchblutungsstörungen* betreffen vorwiegend die Unterschenkelarterien und die distalen Abschnitte der Arteria femoralis, sowie der Arteria poplitea. Wie beim Herzinfarkt verlauft die periphere arterielle Verschlußkrankheit beim Diabetiker wesentlich symptomarmer. Meist werden nur Mißempfindungen, Ameisenlaufen, Kribbeln und Haltegefuhl in der betroffenen Extremitat angegeben. Oft fehlen Schmerzen und die sonst typische Claudicatio intermittens. Die Fußpulse konnen trotz eines bestehenden arteriellen Verschlusses noch zu fuhlen sein, wenn sich der Verschluß langsam entwickelt und der Kollateralkreislauf sich bereits ausgebildet hat. Die *diabetische Gangran*, vor allem an Zehen und Vorfußen, ist offenbar die

Folge einer Mikro- und Makro-Angiopathie. Sie stellt das Endstadium der peripheren diabetischen Angiopathie dar. Neben der Gefäßschadigung spielen sicher die erhohte Infektanfalligkeit und die ungenugende Diabeteseinstellung eine Rolle (s. ,, Hautmanifestationen der diabetischen Angiopathie" S. 67).

Cerebrale Durchblutungsstorungen und cerebrale Insulte kommen beim Diabetiker haufiger vor als beim Nichtdiabetiker. Zum Teil sind sie auch durch eine Hypertonie bedingt.

Diabetische Mikro-Angiopathie (Kapillaropathie)

Die ubiquitär anzutreffende diabetische Mikro-Angiopathie ist *diabetesspezifisch*, im Gegensatz zur Makro-Angiopathie. Die Mikro-Angiopathie befällt die *Arteriolen, Kapillaren* und *Venolen*. Sie zeigt sich in einer Hypertrophie und Proliferation der Intima mit fortschreitender Lumeneinengung. Die *Basalmembran* ist *verdickt* und enthält PAS-positive Substanzen. Die Media kann atrophieren und teilweise in die PAS-positiven Schichten einbezogen werden. Nach *Kimmelstiel* kommt den *Pericyten* für die Entstehung der Mikroangiopathie eine bedeutende Rolle zu.

Pathogenese der Mikro-Angiopathie

Über die Pathogenese der Mikro-Angiopathie gibt es eine genetische, stoffwechselchemische (biochemische oder metabolische), ferner eine endokrine und immunopathologische Theorie.

Am meisten für sich hat die stoffwechselchemische *bzw. biochemische Theorie*, die als Ursache der Gefäßwandveränderungen die diabetische Stoffwechselstörung in den Vordergrund stellt.

Die meisten Diabetologen nehmen an, daß ein ursächlicher Zusammenhang zwischen der diabetischen Stoffwechselstörung und der Entwicklung einer Mikro-Angiopathie besteht. Die Mikro-Angiopathie ist *nicht* an das jahrelange Bestehen eines *manifesten* Diabetes gebunden, sondern an das Vorliegen von diabetischen Stoffwechselstörungen, auch wenn sie noch nicht nachzuweisen sind. Die *Gefäßveränderungen können lange vor dem Manifestwerden des Diabetes auftreten*. Es besteht die Möglichkeit, daß die Betroffenen früher an einer nicht erkannten diabetischen Stoffwechselanomalie gelitten haben und dann wieder in das latente oder prädiabetische Stadium zurückfielen. Eine solche Besserung der Glucosetoleranz ist vor allem bei der Glomerulosklerose (s. unten) durchaus keine Seltenheit. Auch bleiben viele Diabetiker jahrelang unentdeckt und unbehandelt, bis schließlich eine ausgeprägte Mikro-Angiopathie in Form der Glomerulosklerose oder Retinopathie festgestellt wird ohne gleichzeitig nachweisbare Störung der Glucosetoleranz. Wenn die *Dauer* und die *Schwere* des manifesten Diabetes zunehmen, wird die Entwicklung der Mikro-Angiopathie ungünstig beeinflußt.

Die meisten biochemischen Befunde (Serumgehalt an Fettsäuren, Triglyceriden, Cholesterin, Phospholipiden, Lipoproteiden, Ketonstoffen, Globulinen) ließen sich bislang nicht sicher mit den morphologischen Veränderungen in Übereinstimmung bringen. Offenbar kommt den *Mucopolysacchariden* bei diesem Geschehen eine besondere Bedeutung zu. Mucopolysaccharide sind hochmolekulare Stoffe, an deren Aufbau nicht nur Monosaccharide, sondern auch substituierte Aminozucker und Uronsäuren (Glucuronsäure, Galacturonsäure u. a.) beteiligt sind. Die meisten Mucopolysaccharide sind Hauptbestandteile von Gerüstsubstanzen, zu denen Chitin, Hyaluronsäure, Chondroitinschwefelsäure, Heparin u. a. gehören. Sicher ist, daß die mit einer gesteigerten Mucopolysaccharidbildung einhergehende Mikro-Angiopathie vom Insulinmangel abhängig ist. Die Übersättigung der interstitiellen Flüssigkeit mit Mucopolysacchariden bzw. deren Bestandteil ist ein wichtiger Faktor für die Entstehung der diabetischen Mikro-Angiopathie bzw. der dabei auftretenden Mucopolysaccharidplaques in der Gefäßwand.

Die *diabetische Mikro-Angiopathie* (Kapillaropathie) wirkt sich besonders folgenschwer an der *Niere* und am *Auge* aus in der Form der
α) *diabetischen Glomerulosklerose* und der

β) *diabetischen Retinopathie*
Außerdem finden sich Blutgefäßveränderungen in der Haut, Muskulatur, Conjunktiva, Placenta und im Skelettsystem.

α) Diabetische Glomerulosklerose

Die Bezeichnung *Nephropathie* ist ein Sammelbegriff für verschiedene Nierenerkrankungen. Hierzu rechnen in erster Linie die *Glomerulosklerose* mit ihren verschiedenen Formen und die *Arteriosklerose der Nierengefäße*, wie sie in Abb. 10 a; S. 62 aufgeführt sind.

Bei der intrakapillären *Glomerulosklerose* handelt es sich pathologisch-anatomisch um die Ablagerungen von Hyalinknoten, die eine Einengung der Kapillaren zur Folge haben. Man unterscheidet eine *noduläre Verteilung* des Hyalins nach *Kimmelstiel-Wilson* und eine diffuse Art. *Nur die noduläre Form ist pathognomonisch für den Diabetes mellitus.* Auffällig ist das gemeinsame Vorkommen einer Glomerulosklerose mit einer diabetischen Retinopathie. Bei beiden Angiopathien finden sich Mikroaneurysmen und hyaline Ablagerungen in der Gefäßwand, so daß auch eine gleiche Ursache dieser Gefäßveränderungen angenommen werden kann.

Im Anfangsstadium der Glomerulosklerose läßt sich nur eine zeitweise auftretende *Albuminurie* (Proteinurie) und eine *Ödem*bildung beobachten. Später nehmen die Eiweißausscheidungen und Ödembildungen zu, bis es schließlich zum Vollbild der diabetischen Glomerulosklerose, d. h. zum *Kimmelstiel-Wilson-Syndrom* (1936) mit Diabetes, Hypertonie, Ödemen und diabetischer Retinopathie kommt.

Im *Harnsediment* lassen sich hyaline Zylinder und vereinzelt Erythrocyten nachweisen. Im *Blut* finden sich im fortgeschrittenen Stadium eine *Hypoproteinamie* und Zeichen einer Niereninsuffizienz mit Retention harnpflichtiger Stoffe. Da es eine kausale Behandlung der diabetischen Glomerulosklerose nicht gibt, kommt den prophylaktischen Maßnahmen im Sinne einer Früherkennung, einer Vermeidung von Manifestationsursachen (vor allem der Fettleibigkeit) und einer optimalen Diabetes-Einstellung die größte Bedeutung zu.

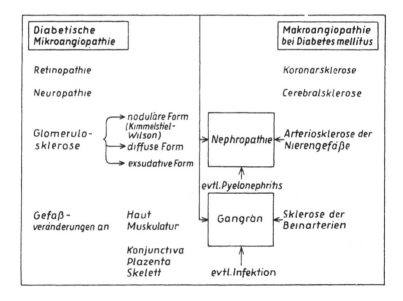

Abb. 10: Beziehungen zwischen Diabetes und Gefäßkrankheiten (Angiopathien)

Neben der Glomerulosklerose läßt sich fast immer auch eine Arteriosklerose der Nieren und haufig eine Pyelonephritis nachweisen. Bei der Verschlechterung der Glomerulosklerose stellt sich eine *scheinbare* Besserung der diabetischen Stoffwechsellage ein: Der Insulinbedarf wird geringer und trotz Hyperglucämie weisen die Patienten keine oder nur eine gerine Glucosurie auf. Die Ursachen hierfür liegen in einem verminderten Insulinabbau durch die schwer geschädigte Niere, ferner auch in der verminderten Nahrungszufuhr der appetitlosen prauramischen Kranken und in einer Heraufsetzung der Nierenschwelle für Glucose.

β) Diabetische Retinopathie

Die diabetische Mikroangiopathie manifestiert sich am Auge als „Retinopathia diabetica". Diese Form der Mikroangiopathie *tritt am frühesten auf* und ist am leichtesten diagnostizierbar. In grober Einteilung lassen sich *vier Stadien* unterscheiden:

Stadium I: Mikroaneurysmen der Netzhautgefäße
Stadium II: dazu Exsudatbildung in der Netzhaut
Stadium III: zusätzlich Blutungen in den Glaskörper
Stadium IV: massive Exsudate; Segelbildungen; Gefäßsprossung in den Glaskörper; Übergang in Netzhautablösung; Erblindung.

Im Stadium I findet man ophthalmoskopisch eine Schlängelung der kleinen *Venen* und *Arteriolen*, ferner Blutpunkte und weißgelbe Degenerationsherde. Die Blutpunkte sind *keine* kleinen Blutungen wie man früher angenommen hat, sondern sie stellen histologisch *Mikroaneurysmen* der Netzhautgefäße dar. Derartige Mikroaneurysmen können bereits bestehen, bevor der Diabetes manifest ist, so daß dieses Symptom als Frühzeichen des Diabetes angesehen wird, und es ist nicht selten, daß der Ophthalmologe als erster die Diabeteserkrankung feststellt. Im fortgeschrittenen Stadium führt die Retinopathie über eine Exsudatbildung in der Retina und eine Gefäßsprossung in den Glaskörper zur Netzhautablösung und relativ oft zum Erlöschen des Sehvermögens.

Bei 18 % von gut eingestellten Diabetikern lassen sich Mikroaneurysmen nachweisen. Besteht der Diabetes langer als fünf Jahre, dann sind 50 % der Diabetiker davon betroffen und bei einer Diabetesdauer von uber 20 Jahren liefern fast alle Diabetiker einen derartigen augenarztlichen Befund. Die diabetische Retinopathie ist als *Begleitkrankheit* und nicht als Folgeerscheinung der krankhaften biochemischen Prozesse aufzufassen. Charakteristisch für die diabetische Retinopathie sind die beiden ersten Stadien, die anderen sind als Komplikationen der ersteren anzusehen. Die typischste Lasion ist das *Mikroaneurysma* des venösen Kapillarsegments, das auch außerhalb der Retina,

z. B. in der Haut, auf der Bindehaut, am Ohrläppchen, in Milz, Pankreas und an der Niere gefunden wird.

Die Entwicklung der Retinopathie verläuft bei Jugendlichen schneller und schwerer als bei älteren Diabetikern. In den beiden ersten Stadien können spontane Remissionen in Erscheinung treten.

Mit Hilfe der *Lichtkoagulation* der netzhautnahen Gefäße kann man Mikroaneurysmen koagulieren. Bei dieser Methode handelt es sich um die Anwendung der *Laser*-Technik. Ausschlaggebend für einen Erfolg ist die Früherkennung der Mikroaneurysmen, von denen die Retinopathie ihren Ausgang nimmt. Mit Hilfe der Fluoreszenz-Angiopathie (Fluoreszenz-Retinopathie) können die Aussackungen der Gefäße sicher und frühzeitig erkannt werden. Es sind daher regelmäßige augenärztliche Untersuchungen erforderlich (juveniler Diabetes alle 3 Monate, Altersdiabetes alle 6 bis 12 Monate), weil nur im Stadium I erfolgreich lichtkoaguliert werden kann. Bei der Netzhautablösung wird als ultima ratio versucht, den Glaskörper durch ein „Silikonöl" zu ersetzen, um die Netzhaut auf ihre Unterlage zurückzudrücken.

2.1.6.2. Andere Erkrankungen und Diabetes

a) Lebererkrankungen und Diabetes

Die Leber ist im Verlaufe einer Zuckerkrankheit stoffwechselchemisch besonderen Belastungen unterworfen. Dazu kommen noch zahlreiche exogene Faktoren, wie Diabeteskomplikationen, Infekte und möglicherweise auch die Wirkung von Medikamenten. Im folgenden kommen die am häufigsten vorkommenden Lebererkrankungen beim Diabetes, nämlich die Fettleber, die Hepatitis epidemica und die Lebercirrhose zur Besprechung.

α) Fettleber

Bereits eine hochkalorische, fettreiche Kost kann zur Ausbildung einer Fettleber führen. Beim Diabetiker besteht aber bei gleichzeitiger Zufuhr von viel Insulin oder beim latenten Diabetes bei anfangs gleichzeitig erhöhter Insulinproduktion die Gefahr einer vermehrten *Lipogenese* (Fettneubildung) in den peripheren Fettdepots. Die Folge ist die Überschwemmung der Leber mit Neutralfetten und schließlich die Ausbildung einer Fettleber, die noch durch einen Glycogenmangel begünstigt wird. Die Leber des Diabetikers ist nur unzureichend imstande, Neutralfette zu oxidieren oder in Phospholipide umzuwandeln, die die Verwertung der Neutralfette begünstigen würde.

Neben diesen mehr endogen bedingten Vorgängen kann die Entstehung einer Fettleber beim Diabetiker noch durch chronische In-

fekte verursacht oder wenigstens begünstigt werden. Als weitere
Noxe kann noch ein verstärkter Alkoholabusus hinzutreten, der
wiederum zu einer Fehl- und schließlich auch zu einer Mangeler-
nährung führen kann. Es sind also häufig mehrere Faktoren, die die
Entwicklung einer Fettleber begünstigen. Die Frage, ob es eine für
den Diabetiker typische Fettleber gibt (*Kalk*), wird noch diskutiert.
Mit Sicherheit kann die Diagnose einer Fettleber nur mit Hilfe der
Laparoskopie und Leberbiopsie gestellt werden.

β) *Hepatitis epidemica und Lebercirrhose*

Hepatitis epidemica. Nach *Seige* ist die Erkrankung an Hepatitis
bei Zuckerkranken etwa 3-4 mal häufiger als bei Stoffwechselgesunden. Dazu kommt noch, daß es sich bei den Zuckerkranken —
etwa zu 80 % — um Altersdiabetiker handelt, also meist um ältere
Menschen, bei denen häufig bereits eine Vorschädigung der Leber
besteht. Bei der Stoffwechseleinstellung des hepatitiskranken Diabetikers ist folgendes zu beachten: Auf dem Höhepunkt der Hepatitis kann vorübergehend eine Verbesserung der Stoffwechsellage
auftreten mit Blutzuckersenkungen und geringerem Insulinbedarf.
Nach *Katsch* wird als Ursache dieses Verhalten eine Abnahme der
Glycogenreserven der Leber angenommen. Das Auftreten einer
Hepatitis beim Diabetiker ist als eine ernste Komplikation zu
betrachten und vor allem muß der Übergang der Hepatitis in ein
Leberkoma vermieden werden. *Lebercirrhose.* Die Kombination
einer — meist posthepatischen — Lebercirrhose und eines Diabetes
ist etwa 3-4 mal häufiger als nach der Häufigkeit beider Krankheiten zu erwarten wäre (*Creutzfeld; Poche* und *Schumacher*). Dagegen ist der Übergang einer Fettleber in eine Lebercirrhose beim
Zuckerkranken relativ selten. Es hat sich gezeigt, daß in einem
hohen Prozentsatz (nämlich 26 %) bei Lebercirrhosen ein bis dahin
nicht bekannter manifester oder latenter Diabetes besteht, der
durch *Belastungsproben* diagnostiziert wird. Die Prognose der
Lebercirrhose eines Diabetikers ist offenbar nicht schlechter als die
bei Stoffwechselgesunden.

b) *Hauterkrankungen und Diabetes*

Es gibt kaum eine allgemeine Erkrankung, die von derartig vielen Hauterscheinungen begleitet ist als der Diabetes. Daher kommen viele Diabetiker erst „über den Dermatologen" in eine spezielle diabetische Behandlung. Hierbei handelt es sich nicht um spezifische Hautaffektionen des Diabetes, sondern diese Hauterkrankungen treten beim Diabetiker nur häufiger auf als bei Nichtdiabe-

tikern. Beim Zuckerkranken treten die vielseitigen ätiologischen Faktoren von Hautkrankheiten mit der diabetischen Stoffwechsellage ungünstig zusammen.

Hautzuckergehalt des Diabetikers. Eine besondere Rolle bei den Hauterscheinungen spielt der erhöhte Zuckergehalt der Haut des Diabetikers. Man unterscheidet den *freien* und *gebundenen Hautzucker.* Der unabhängige *gebundene* Hautzucker (ca. 900 mg%) hat keine feststehenden Beziehungen zur Höhe des Blutzuckers, während der *freie* Hautzucker (ca. 60 mg%) mit dem Blutzucker in einem gleichbleibenden Verhältnis von etwa 60 : 100 steht. Beim Diabetiker ist nicht nur der Gehalt an freiem Zucker erhöht, sondern auch die Hautoberfläche zuckerreicher, offenbar weil der *Schweiß* des Diabetikers zuckerreicher ist. Mit dem erhöhten Zuckergehalt der Haut sind die Vorbedingungen für ein gutes Wachstum und Gedeihen von Hefepilzen und Staphylokokken erfüllt. Natürlich können noch andere Faktoren hinzukommen wie Resistenzschwäche der Haut im Alter, örtliche Antibiotika- oder Steroidanwendungen oder Waschen mit Seife.

Hautzucker

Gebundener Zucker (ca. 900 mg%) ist *unabhängig* vom Blutzuckergehalt
Freier Zucker (ca. 60 mg%) ist *abhängig* von der Höhe des Blutzuckergehaltes (Verhältnis freier Hautzucker zu Blutzucker etwa 60 : 100)

Zu den häufig auftretenden Hauterkrankungen beim Diabetes, die als Folge indirekter Veränderungen auftreten, gehören alle mykotischen und bakteriellen Infektionen der Haut und der hautnahen Schleimhäute, insbesondere Furunkulose, Pruritus (besonders in der Genitalgegend), Follikulitiden, Ekzeme und Balanitis. Schließlich verursacht die diabetische Angiopathie auch Hautveränderungen, von der Gangrän der Zehen bis zu den Lipoidablagerungen in umschriebenen Bezirken.

Die Störungen im Stoffwechsel der Lipide (Fettsubstanzen) verursachen Hyperlipidämien, die zu *Xanthomen* führen. Hierbei handelt es sich um Speicherungen von Lipiden im Bindegewebe in Form kleiner, meist gelb gefärbter Knötchen unter der Haut. Wenn die Injektionsstelle für Insulin nicht ständig gewechselt wird, dann kommt es zum Auftreten des *Insulin-Lipoms* bzw. zur *Lipodystrophie.* Arzneimittel führen beim Diabetes gern zu allergischen Exanthemen.

Die Austrocknung und Rissigkeit der Haut bei anhaltender diabetischer Polyurie begünstigen weiterhin die Ausbildung von Hautaffektionen. Mit den Veränderungen an den Blutgefäßen steht das Auftreten fleckförmiger oder großflächiger *Rubeosis*, die oft dem Zuckerkranken ein charakteristisches Aussehen geben (*Facies diabetica*).

Hautmanifestationen der diabetischen Angiopathie

Die diabetische Angiopathie (s. oben) äußert sich auch an der Haut, vor allem unter dem klinischen Bild der diabetischen *Gangrän* und der Necrobiosis lipoidica diabeticorum. Bei der diabetischen Gangrän kommt es zum Gewebsuntergang im gesamten Versorgungsgebiet der betroffenen arteriellen Blutgefäße, während bei der *Necrobiosis lipoidica* zunächst nur das benachbarte Bindegewebe der betroffenen Gefäße der äußeren Haut nekrotisch wird. Derartige Gefäßschädigungen ruft aber nicht allein der Diabetes hervor, sondern diese können auch durch andere Einflüsse verursacht werden (Arteriosklerose; Erfrierung).

c) Arteriosklerose, Hypertonie und Diabetes

Arteriosklerose und Diabetes. Wenn man ein großes diabetisches Krankengut mit einem nach Alter, Geschlecht und Konstitution gleich verteilten nicht diabetischen vergleicht, so findet sich die Arteriosklerose mit ihren Folgen bei den Diabetikern etwas häufiger; der Unterschied ist jedoch nicht groß. Über die Frage wird noch diskutiert, ob die Gefäßwand des Diabetikers womöglich infolge eines genetischen Defektes schon in der praediabetischen Phase eine veränderte Reaktionsbereitschaft aufweist, die der Arteriosklerose den Boden bereitet. Auf S. 57 ist bereits auseinandergesetzt worden, daß die diabetische Makro-Angiopathie im wesentlichen der Arteriosklerose ohne Diabetes entspricht. Es zeigt sich klinisch der Unterschied, daß die diabetische Makro-Angiopathie frühzeitiger und bei beiden Geschlechtern etwa gleich häufig auftritt im Gegensatz zur Arteriosklerose. Auch in der Lokalisation und im Verlauf sind gewisse Unterschiede vorhanden.

Hypertonie und Diabetes. In mancher Hinsicht besteht eine kausale Verknüpfung zwischen Diabetes und arterieller Hypertonie. Die Gefäßwandveränderungen bei der Hypertonie können Durchblutungsstörungen des Pankreas veranlassen und damit zu einer Verminderung der Insulinproduktion führen. Diese Auswirkung begünstigt die Manifestation des Diabetes. Dieser Zusammenhang erklärt die Verminderung der Insulinsekretion beim Altersdiabetes (*Pfeiffer* u. Mitarb.).

Die Nierenveränderungen beim Diabetes führen einerseits zur *Hypertonie* (Glomerulosklerose, Arteriosklerose der Nieren, Pyelonephritis) und andererseits begünstigt der Diabetes die Entstehung arterio- und arteriolosklerotischer Prozesse in den Nieren.

Seit langem wird die Theorie vertreten, ob nicht die Kombination Diabetes-Hypertonie durch ein übergeordnetes Geschehen entsteht. Einige klinische Krankheitsbilder weisen auf innersekretorische Faktoren hin, die sowohl die Entstehung des Diabetes als auch die der Hypertonie begünstigen. Es handelt sich hauptsächlich um Überfunktionszustände und Geschwülste der Nebennieren und der Hypophyse. Die Kombination Hypertonie-Diabetes findet sich beim *Cushing-Syndrom*, das heute nicht mehr als Folge eines basophilen Adenoms des HVL betrachtet wird, sondern immer mehr auf einen Überfunktionszustand der NNR zurückgeführt wird. Auch beim *primären Aldosteronismus* (*Conn*-Syndrom) werden neben der Hypertonie auch Störungen im Saccharidstoffwechsel beschrieben.

d) Neurologische Erscheinungen und Diabetes

Bereits im prädiabetischen Stadium können auffällige Symptome von seiten der sensiblen und neuromuskulären Peripherie auftreten, die den Diabetiker, der noch nichts von seinem Leiden weiß, zunächst zum Neurologen führt. Es kann sich um Pruritus, Neuralgien, Myalgien, Wadenkrämpfe und Muskelzittern handeln als Ausdruck von sensiblen und motorischen Reizerscheinungen. Vor der diabetischen Acidose, dem Coma diabeticum, gehen Syndrome des gesamten cerebrospinalen und vegetativen Nervensystems voraus bis schließlich die komatösen Bewußtseinsstörungen eintreten. Diese cerebrale Stoffwechselinsuffizienz hinterläßt von seiten des Gehirns – abgesehen von vaskulären Komplikationen – praktisch keine Restschäden. Dagegen treten beim hypoglucämischen Coma irreversible Schäden oder gar Nekrosen von Ganglienzellen auf.

Diabetische Neuropathie. Während früher die Bezeichnungen „diabetische Neuritis oder Polyneuritis" üblich war, wird heute überwiegend von diabetischer Neuropathie gesprochen, die mehr eine *Begleitkrankheit* des Diabetes darstellt. Wahrscheinlich handelt es sich um verschiedene ätiologische und pathologische Faktoren. Es werden *zwei* verschiedene Ursachen angenommen, nämlich Stoffwechselstörungen und primär vasculäre Ursachen. Teilweise gehört die Erkrankung dem diabetischen Spätsyndrom an. Es hat sich aber gezeigt, daß gewisse neurologische Erscheinungen schon zu einem frühen Zeitpunkt beim Diabetes auftreten und durch eine exakte Diabetesbehandlung reversibel sind. Die initialen Reizerscheinungen und Parästhesien (Ertaubungsgefühl, Ameisenlaufen, Brennen der Fußsohle), die stärker an den unteren Extremitäten auftreten, halten sich meistens in erträglichen Grenzen. Da zum diabetischen Spätsyndrom die Neuropathie, Nephropathie und Retinopathie gehören, spricht man auch von der diabetischen *Triopathie*.

Triopathie der diabetischen Zweitkrankheiten

1. Neuropathie
2. Nephropathie
3. Retinopathie

2.1.7. Chemisch-hervorgerufene Diabetesformen

In der Literatur wird der Begriff ,,chemisch-hervorgerufener Diabetes`` (gleichbedeutend mit ,,medikamentös-induzierter Diabetes`` oder ,,Drogen-induzierter Diabetes``) nicht einheitlich gebraucht. Es müssen folgende, durch Pharmaka hervorgerufene Stoffwechsel-Störungen unterschieden werden:

1. Gruppe. *Hervorrufung* (Induktion) des diabetischen Syndroms und *Fortbestehen* desselben auch nach Absetzung des Agens.

2. Gruppe. Auftreten einer *Hyperglycämie*, die nach Absetzung des Agens wieder verschwindet.

3. Gruppe. *Verschlechterung* (Aggravation) einer bereits bestehenden diabetischen *Prädisposition* mit der Auslösung vorübergehender oder permanenter klinischer Diabetes-Symptome.

Diabetogene Stoffe

Lediglich die chemischen Verbindungen oder Drogen, die nach der 1. Gruppe eine *dauernde Diabetesform* verursachen, verdienen die Bezeichnung *diabetogene Stoffe*. Demgegenüber gibt es Stoffe, die nur vorübergehende *Hyperglycämien* hervorrufen und solche, die einen Praediabetes oder latenten Diabetes *manifest* werden lassen. Zu den chemisch-hervorgerufenen (induzierten) Diabetesformen im Sinne der 1. Gruppe gehören:

a) *Alloxan-Diabetes*
b) *Ninhydrin-Diabetes*
c) *Dithizon- und Oxin-Diabetes*

An Substanzen, die zu einer vorübergehenden Hyperglycämie oder zu anderen Diabetes-Symptomen führen, sind bekannt: *Nicotinsäure, Streptocotocin, Thiacid-* und *Benzothiadiacin*-Derivate und schließlich *Mannoheptulose*.

a) Alloxan-Diabetes. Das klassische Beispiel für einen chemisch-hervorgerufenen (induzierten) Diabetes ist der Alloxan-Diabetes, der durch Verabreichung von Alloxan verursacht wird. Diese experimentelle Diabetesform tritt wenige Stunden nach der Drogeneinnahme auf, während beim echten Diabetes im Bereich des Inselsystems eine Vorphase von Monaten oder Jahren durchlaufen wird.

Tierexperimentelle Untersuchungen haben gezeigt (*Dunn* 1943), daß bei intravenöser Zufuhr von *Alloxan* bereits 5 Minuten in der *1. Phase* der Wirkung eine Hyperglucämie, anschließend als *2. Phase* ein schwerer hypoglucämischer Anfall auftritt, der in vielen Fällen tödlich ausgeht, und schließlich in der *3. Phase* sich das Endstadium eines manifesten Diabetes einstellt. Diese letzte Phase der Alloxanwirkung nennt man *Alloxan-Diabetes,* dessen Studium unsere Kenntnisse über die Zuckerkrankheit wesentlich bereichert hat. *Alloxan* ist ein Abbauprodukt der Harnsäure; es besteht aus einem Harnstoff- und einem Mesoxalsäureskelett und wird chemisch als Mesoxalylharnstoff bezeichnet (s. chemische Formel S. 72). Alloxan kommt als Baustein im Alloxazinanteil des Lactoflavins vor.

Mechanismus der Alloxanwirkung. Histologische Untersuchungen haben gezeigt, daß durch Alloxan in der 1. Phase bereits 5 Minuten nach der intravenösen Zufuhr spezifisch die Insulin produzierenden *B-Zellen* des Inselapparates zerstört werden, während die A-Zellen und die äußere Sekretion (Pankreassaft) unbeeinflußt bleiben. Nach der Ausschaltung der B-Zellen führt in der 2. Phase der Alloxanwirkung die stoßartige Ausschüttung des Insulindepots zu einem schweren hypoglucämischen Anfall (S. 77). Da die geschädigten B-Zellen kein neues Insulin produzieren können, entwickelt sich in der 3. Phase ein permanenter Diabetes.

Es ist noch nicht sicher bekannt, ob das Alloxan selbst oder ein Umwandlungsprodukt von ihm die spezifische Zellschädigung hervorrufen. Eine Inaktivierung des Insulins wird durch das Alloxan nicht herbeigeführt. Die spezielle Giftwirkung des Alloxans wird am ehesten auf die Reaktion mit SH-Gruppen zurückgeführt, wodurch die in den B-Zellen vorkommenden *SH-Enzyme* (Merkatoenzyme und Glutathion) *inaktiviert* werden. Schließlich kann das Alloxan sich auch mit dem Spurenelement *Zink* verbinden, das die Fixierung des Insulins an das Protoplasma der B-Zellen vermittelt. Zur Behandlung hypoglucämischer Zustände (Hyperinsulinismus) kann Alloxan *nicht* verwendet werden, da die leber- und nierentoxische Dosis sehr nahe an der toxischen Dosis für die B-Zellen liegt.

Bei den einzelnen *Tierarten* bestehen Unterschiede in dem Grad der Empfindlichkeit gegenüber Alloxan. Peroral verabreichtes Alloxan ist wirkungslos. Beim Meerschweinchen wirkt Alloxan *nicht* diabetogen. Bekanntlich verhält sich das Pankreas des Meerschweinchens auch in histologischer Hinsicht differenziert. Bei Überschreiten der diabetischen Dosis wirkt das Alloxan nicht mehr spezifisch toxisch auf die B-Zellen des Pankreas, sondern es kommt zu einer allgemeinen toxischen Schädigung.

Beim Alloxandiabetes findet sich wie bei der echten Zuckerkrankheit eine Mitwirkung des Hypophysen-Nebennierenrinden-Systems. Daher kann der Alloxandiabetes als das experimentell prüfbare *Modell des menschlichen Diabetes* dienen. Beim experimentellen *Pankreas*diabetes durch *Entfernung* der Pankreasdrüse (pankreatopriver Diabetes) werden neben den B-Zellen auch die Glucagon produzierenden A-Zellen entfernt. Daher entspricht diese experimentelle Diabetesform *nicht* den Verhältnissen beim echten Diabetes.

Man hat in Erwägung gezogen, ob nicht auch beim echten Diabetes eine bestimmte Substanz die B-Zellen schädigen könnte, d. h. ob es einen *endogenen Intoxikationsdiabetes* gibt. In diesem Zusammenhang wird auf das gemeinsame Vorkommen von *Gicht* und *Diabetes* hingewiesen, zumal Alloxan durch Oxidation von *Harnsäure* entstehen kann (s. Formeln). Bis heute konnten für diese Annahme keine sicheren Anhaltspunkte gefunden werden, die auf Grund einer Störung im Purinstoffwechsel oder durch Auftreten bestimmter Stoffwechselprodukte die Entstehung der Zuckerkrankheit erklären konnte.

Biochemisch interessant ist, daß durch gleichzeitige Verabreichung von *Borsäure (Kuhn-Quadbeck; Rose-Gyorgy)* das Auftreten des Alloxandiabetes unterdrückt werden kann. Wahrscheinlich begünstigt die Borsäure die Bildung der reaktionsfähigeren Laktimform des Alloxans, die schneller umgesetzt und abgebaut wird und nicht zum Pankreas gelangt.

b) Ninhydrin-Diabetes. Verabreichung von *Ninhydrin* (Triketohydrindon), das wie Alloxan auch drei benachbarte Ketogruppen enthält (s. Formel), ruft nach *W. Stoll* wie Alloxan einen permanenten Diabetes hervor, den man *Ninhydrin-Diabetes* nennt. Die diabetogene Wirkung ist an das Vorhandensein von mindestens zwei Ketogruppen im Molekül gebunden. Außer Alloxan und Ninhydrin gehören zu diesen Dicarbonylverbindungen noch das Glyoxal, die Harnsäure, Barbitursäure und Dehydroascorbinsäure.

Harnsäure,
Hydroxy- oder Enolform
(2,6,8-Trihydroxypurin)

Harnsäure,
Oxo- oder Ketoform
(2;6,8-Trioxypurin)

71

$$NH—CO$$
$$CO \quad CO$$
$$NH—CO$$

Alloxan
(Mesoxalylharnstoff)

Ninhydrin
(Triketohydrindon)

c) Dithizon- und Oxin-Diabetes. Dithizon (Diphenylthiocarbazon) und *Oxin* (Hydroxychinolin) sind weitere chemische Verbindungen, die dem Alloxan nahestehen und bei diabetogener Dosierung regelmäßig einen permanenten Diabetes verursachen. Diese Diabetesformen beruhen auf einer Blockade des Zink-Komplexes mit Unfähigkeit zur Bildung einer löslichen Zinkinsulinverbindung.

d) Hyperglycämisierende Stoffe. Zu dieser Stoffgruppe gehören Thiacid- und Benzothiadiacin-Derivate, schließlich auch Nicotinsäure, Streptocotocin und mit Einschränkungen die Mannoheptulose.

Die *Thiacid-* und *Benzothiadiacin-Derivate* haben einen deutlichen hyperglucämisierenden Effekt. Als Ursache der *Thiacid-Hyperglucämie* wird eine intrahepatische Hemmung der AMP-Phosphodiesterase angenommen. Diese Hemmung verändert das physiologische Gleichgewicht zwischen Glycogensynthese und Glycogenabbau in Richtung eines Überwiegens des letztgenannten Vorganges mit dem Resultat einer Hyperglucämie.

Die hyperglucamische Reaktion auf die diuretisch und nur wenig hypertensiv wirkenden *Thiacide* (Represantant: Chlorothiacid) tritt vor allem bei Diabetikern und diabetesdisponierten Personen in Erscheinung. Der Stoffwechselgesunde mit intaktem B-Zellsystem ist gewohnlich in der Lage, die durch Thiacin verursachte Glycogenolyse durch gesteigerte Insulinsekretion zu kompensieren. Die *Saluretika* der Thiacidreihe wirken demnach *nicht* diabetogen, sie sind jedoch in der Lage, eine diabetische Pradisposition manifest werden zu lassen. Bei den *nicht* diuretisch wirksamen Thiacidderivaten (Represantant: Diacoxid bzw. Diazoxid) ist der stark hypertensive Effekt mit einer intensiven hyperglucamischen Wirkung verknupft, die auch therapeutisch bei hypoglucamischen Zuständen und Hyperinsulismus (Inselzellen-Adenom oder Hyperplasie; Glycogenspeicherkrankheit) in Betracht kommt. Gewohnlich ist die *Diacoxid-Hyperglucamie* reversibel und von der Dauer der Verabreichung abhangig, so daß auch diese Substanz *nicht* als diabetogen bezeichnet werden kann. Der *Mechanismus der Diacoxidwirkung* beruht uberwiegend auf der *Hemmung* der Insulinfreisetzung, außerdem kommt noch eine Stimulation der Freisetzung von Katecholaminen hinzu.

Nicotinsäure und das ZNS blockierende Substanzen provozieren gelegentlich eine leichte bis mäßige Hyperglucämie. Es sind keine diabetogene Verbindungen, ebenso nicht *Streptocotocin,* das als hyperglucämisierende Substanz angegeben wird.

Mannoheptulose, ein in vielen Pflanzen vorkommender Keto-zucker mit 7-C-Atomen, verursacht Hyperglucämien. Der Zucker wirkt wahrscheinlich in zweifacher Weise· einerseits durch Hemmung der Insulinfreisetzung mit Minderverwertung der Glucose und andererseits durch Stimulation der Glycogenolyse. Möglicherweise wird die Mannoheptulose einen Platz in der Behandlung hypoglucämischer Zustände finden.

2.1.8. Sekundäre, nicht erbbedingte Diabetesformen

Die nicht erbbedingten Diabetesformen lassen sich nach den Ursachen in *drei* Hauptformen aufgliedern:

a) Sekundärer Pankreasdiabetes (pankreatopriver Diabetes) entsteht durch *Ausfall von Inselgewebe* des Pankreas: Chirurigische Entfernung oder Zerstörung durch krankhafte Prozesse (Tumor; Pankreatitis; Hämochromatose; Arteriosklerose, toxische Schäden) oder direktes Traume. Beim ,,sekundären Pankreasdiabetes'', der die klinische Parallele zum klassischen Pankreasdiabetes des Tierexperimentes darstellt, findet sich ein *absoluter* Insulinmangelzustand.

b) Sekundärer hormonaler Diabetes (endogener hormonaler Diabetes) beruht auf einer Überproduktion bzw. Überfunktion extrapankreatischer Hormondrüsen, die kontrainsulär wirkende oder blutzuckersteigernde Hormone liefern (Adrenalin, Glucagon, Glucocorticoide, Thyroxin). Bei diesem Diabetestyp besteht ein *relatives* Insulindefizit. Ein absoluter Insulinmangelzustand ist erst lange Zeit nach Beginn der Störung nachweisbar. Die hormonalen bzw. endokrinen Diabetesformen sind häufig reversibel. Es gibt folgende Typen:

α) Überproduktion von Somatotropin (somatotropes Hormon des Hypophysenvorderlappens = Somatotropin = Wachstumshormon; STH; WH). Die *Akromegalie* wird auf eine Überproduktion der einen Tumor der *Alphazellen* (eosinophile Zellen) des Hypophysenvorderlappens (HVL) zurückgeführt (Akromegalie mit Diabetessyndrom als Sekundarsyndrom: *Hypophysarer Diabetes).*

β) Steroiddiabetes. Dieser Typ kann hypophysär bedingt sein (hyperplasic oder Tumor der Corticotropin produzierenden *Betazellen* bzw. basophilen Zellen des HVL).

Dem Steroiddiabetes können auch *adrenale* Ursachen zugrunde liegen (Hyperplasie oder Tumor der Nebennierenrinden; *Cushing*-Syndrom). Schließlich kann der Steroiddiabetes auch *medikamentos* bedingt sein durch *übergroße* Zufuhr von ACTH (= adrenocorticotropes Hormon = Corticotropin) oder von Glucocorticoiden. Beim Steroiddiabetes findet man meist eine leichte *Hyperglycamie* und eine durch Herabsetzung der Nierenschwelle für Glucose bedingte *Glucosurie*, auch bei normalem Blutglucosespiegel.

γ) *Hepatischer Diabetes*. Er kann durch eine herabgesetzte Glucosetoleranz und eine Abnahme der Insulinempfindlichkeit hervorgerufen werden (bei Fettleber und Lebercirrhose). Wenn ein diabetischer Erbfaktor vorliegt, dann kann bei allen sekundaren Diabetesformen noch ein primarer Diabetes hinzukommen.

c) Chemisch-hervorgerufene (induzierte) Diabetesformen sind auf S. 69 bereits besprochen worden.

3. Hypoglycämie-Syndrom

(Unterzuckerungszustand; Zuckermangelkrankheit)

Das nicht selten vorkommende Syndrom der Hypoglycämie*)
wird wegen der Vielfalt der Symptome oft verkannt und als vegetative Dystonie, Hyperthyreose, Tetanie, Epilepsie und auch als
hypotoner Symptomenkomplex angesehen. Bei ca. 15 % der Bewohner der Deutschen Bundesrepublik kommen Unterzuckerungszustände vor. Während vorübergehende Erhöhungen der Blutzuckerkonzentration über das Doppelte des normalen Mittelwertes ohne auffallende Krankheitszeichen ertragen werden, ist im
Gegensatz hierzu der Organismus gegen ein rasches und stärkeres Absinken des Blutzuckers sehr empfindlich und reagiert mit
den verschiedensten krankhaften Symptomen.

> *Definition.* Dem Hypoglycämie-Syndrom liegt ein *stärkeres Absinken der Blutglucose-Konzentration* zugrunde. Beim Erwachsenen treten im allgemeinen bei enzymatisch bestimmten Blutzuckerwerten („wahre Glucose") zwischen 50–70 mg/100 ml leichte und unter 50 mg/ml schwere Symptome eines hypoglycämischen Zustandes auf, die sich bis zum *hypoglycämischen Coma* steigern können. Da beim Neugeborenen die Blutglucosewerte schon normalerweise niedrig sind, kommt die Hypoglycämiegrenze unter 30 mg/100 ml zu liegen.

Grundsätzlich treten Hypoglycämien auf, wenn bei fehlender
Glucose-Zufuhr von außen die Verfügbarkeit von Glycogen relativ
unzureichend ist. Meist treffen mehrere ursächliche Faktoren zusammen:

1. Erhöhter Verbrauch von Glucose;
2. Verminderte Zufuhr von Glucose;
3. Verminderte Neubildung von Glucose;
4. Mangelhafte Fähigkeit zur Glycogen-Mobilisierung.

Für das Auftreten hypoglycämischer Zustände sind *nicht* allein
die absoluten Blutzuckerwerte maßgebend, sondern auch die Geschwindigkeit, die Dauer des Abfalls neben dem Ausgangswert des
Blutzuckers und die Reaktionsgeschwindigkeit der Gegenregulationsorgane (s. Tab. 8).

---

*) Da es sich um Glucose im Blut handelt, kann man von *Hypoglucamie* anstatt von *Hypoglycämie* sprechen.

Tab. 8: Fur den Grad einer Hypoglycamie sind mitbestimmend:

1. *Ausgangswert* der Blutzuckerkonzentration;
2. *Tiefe* der erreichten Blutzuckerkonzentration;
3. *Schnelligkeit* des Blutzuckerabfalls;
4. *Dauer* der Blutzuckersenkung;
5. *Geschwindigkeit* der Gegenregulationsmaßnahmen.

3.1. Verschiedene Stadien des Hypoglycämie-Syndroms

Im hypoglycämischen Erscheinungsbild treten typische klinische Symptome auf:

a) Vegetative Symptome: Schweißausbruch, Hungergefühl bis Heißhunger, Speichelfluß, Harndrang, Brechreiz, Erbrechen, Tachy- oder Bradykardien.

b) Neurologisch-psychische Symptome: Sprachstörungen, Doppelsehen, motorische Unruhe, Zittern, Muskelkrämpfe, Paresen. Außerdem sind nachzuweisen: Reflexsteigerungen, Reizbarkeit Erregungszustände, Angstgefühl, Müdigkeit, depressive Stimmungslage, Verwirrtheitszustände, Herumtrödeln, Bewußtseinsverlust.

Der augenblickliche *Glucosemangel des Gehirns* ist oft entscheidender an der Entstehung von Hypoglucämie-Symptomen beteiligt als der Glucosegehalt des Blutes. Hieraus erklärt sich die zeitweilige Diskrepanz zwischen den klinischen Symptomen und dem Blutzuckerspiegel. Vor allem ist das *kindliche* Gehirn besonders empfindlich auf Glucosemangel und reagiert mit irreversiblen Schäden. Bei der großen Mannigfaltigkeit der Hypoglucämie-Symptome sollte der Arzt überhaupt daran denken, daß der Unterzuckerungszustand „alles machen kann".

Man unterscheidet *drei Stadien* des hypoglycämischen Syndroms, die fließend ineinanderübergehen können:

1. *Kleiner hypoglycämischer Anfall*
2. *Mittlerer hypoglycämischer Anfall*
3. *Großer hypoglycämischer Anfall*

1. Kleiner hypoglycämischer Anfall. Die Symptome im ersten Unterzuckerungszustand entsprechen den hypoglucämischen *Frühsymptomen* und bestehen vor allem aus vegetativen Symptomen, wie sie bereits oben aufgezählt worden sind. Daneben zeigen sich auch psychische Veränderungen wie Unruhe, Reizbarkeit, Angstgefühl, Müdigkeit, depressive Stimmungslage und Konzentrationsschwäche.

Da auch beim Stoffwechsegesunden im *Hunger* als Folge der Hypoglycämie eine gereizte Stimmungslage auftreten kann, ergibt sich hieraus die praktische physiologische Folgerung, daß mancher kleine unangenehme Zwischenfall in der Familie, in der Politik und im Wirtschaftsleben nicht zustandegekommen wäre, wenn die Aussprache oder Konferenz erst *nach* dem Essen stattgefunden hätte (nach der „Fütterung der Bestie").

2. Mittlerer hypoglycämischer Anfall. Wenn die gegenregulatorischen Maßnahmen nicht ausreichen, dann kommt es zum mittleren hypoglucämischen Anfall, bei dem neurologisch-psychische Symptome stärker in den Vordergrund treten: Sprachstörungen und Doppelsehen, Affekthandlungen, leichte Trübung des Sensoriums, Herumtrödeln; schließlich können auch paranoide Ideen auftreten.

3. Großer hypoglycämischer Anfall (hypoglucämischer Kollaps) Die letzte Phase stellt den großen hypoglucämischen Anfall dar, der gewöhnlich bei Blutzuckerwerten unter 30−50 mg/100 ml auftritt. Das Krankheitsbild wird ganz von zentralen Symptomen beherrscht die offenbar durch Angiospasmen der Gehirngefäße ausgelöst werden. Es kommt zu Kollapserscheinungen und Bewußtseinsveränderungen, die verschiedene Grade von leichter Benommenheit bis zu tiefer Bewußtlosigkeit zeigen. Der Glucosemangel der Hirnzellen und die vermehrte Ausschüttung von Epinephrin (Adrenalin) beherrschen klinisch das Bild.

Den Höhepunkt erreicht dieses 3. Stadium im *hypoglucämischen Coma*, bei dem eine tiefe *Bewußtlosigkeit* und als Zeichen von Hirnreizerscheinungen meist *tonisch-klonische Krämpfe* auftreten. Die Krampfsymptome sind oft irreführend und geben Anlaß zu Fehldiagnosen. Beim Erwachsenen liegen in diesem Stadium die Blutzuckerwerte meist unter 35 mg/100 ml. Wie bereits erwähnt spielt die *Schnelligkeit* des Blutzuckerabfalls eine wichtige Rolle, so daß unter Umständen bei einer *raschen* Blutzuckersenkung beim Diabetiker von 300 auf 200 mg/100 ml (relative Hypoglucämie) auch einmal ein Comazustand festzustellen ist, während andererseits bei einem *allmählichen* Abfall auf 50 mg/100 ml nicht unbedingt Hypoglucämie-Symptome auftreten müssen. Seit der Einführung von *Teststreifen* zur orientierenden Bestimmung des Blutglucosegehaltes kann man auch außerhalb der Praxis die Differenzialdiagnose zwischen hypoglucämischem Schock und diabetischem Coma stellen.

Am haufigsten wird der *hypoglycamische Comazustand* durch Überdosierung von *Insulin* bei der Diabetesbehandlung hervorgerufen (Insulinschock). Im Gegensatz zum hyperglycamischen Coma bei diabetischer Stoffwechselentgleisung (S. 52) sind beim Unterzuckerungscoma die Schnenreflexe gesteigert und die Spannung der Augenbulbi ist normal oder erhöht. (Zusammenstellung der Symptome S. 53). Bei genügend langer Dauer kann die Hypoglycämie zu *irreversiblen Schädigungen* der *Ganglienzellen* führen und den Tod verursachen. Es ist daher die Forderung berechtigt, bei *epileptiformen* Zustandsbildern und bei unklarer Bewußtlosigkeit zur Klärung der Diagnose immer eine *Blutzuckerbestimmung* vorzunehmen. Bei *Kindern* und *jugendlichen Diabetikern* können hypoglycämische Zustände schockartig unter dem Bild einer akuten Psychose auftreten. Zu erwähnen ist noch, daß in der *praediabetischen* Phase der Zuckerkrankheit auch spontane Hypoglycämien vorkommen können.

Der große hypoglycämische Anfall ist nur indirekt eine Insulinwirkung, weil durch den schnellen Blutzuckerabfall vegetative Zentren erregt werden und dadurch eine überkompensierte *Adrenalinwirkung* zustande kommt. Die Symptome des schweren hypoglycämischen Anfalls können mit einer Adrenalinvergiftung bzw. mit einem sympathischen Schockzustand verglichen werden.

Alkalotisches Coma. Da im hypoglycämischen Anfall eine Verschiebung der Wasserstoffionen-Konzentration nach der alkalischen Seite eintritt, bezeichnet man diesen Zustand auch als *alkalotisches Coma.* Es sind pH-Werte bis zu 7,8 gefunden worden. Auch im *Mineralsalzgehalt* kommt es zu Verschiebungen; man hat vor allem eine Abnahme der Kaliumionen und eine Verschiebung im Verhältnis der Kalium- zu den Natriumionen beobachtet. Im Blutbild führt die *Alkalose* zu einer *lymphocytären* Reaktion, während bei einer *Acidose* eine allgemeine Leucocytenvermehrung gefunden wird. Die nach dem hypoglycämischen Anfall einsetzende Leucocytose darf als Anzeichen eines überwundenen Anfalls gewertet werden.

3.2. Einteilung der Hypoglycämieformen

Die Einteilung der Hypoglycämien erfolgt nach kausalen und pathophysiologischen Gesichtspunkten. Man unterscheidet zwei große Gruppen.

3.2.1. Spontane Hypoglycämien

   I.   Physiologische Hypoglycämien

   II. Funktionelle Hypoglycämien

   III. Symptomatische Hypoglycämien

   IV. Organisch bedingte Hypoglycämien (Hyperinsulinismus)

3.2.2. Exogene Hypoglycämien (artefizielle oder medikamentöse Hypoglycämien)

   I.   *Hypoglycämien* durch absolute oder relative Überdosierung von Insulin oder oralen Antidiabetika (auch in suicider Absicht und bei Psychopathen)

II.   *Hypoglycamien* nach Verabfolgung von blutzuckersenkenden Substanzen (außer Insulin und oralen Antidiabetika)

III.   *Alkoholbedingte Hypoglycämien*

Spontane Hypoglycämien

I. Physiologische Hypoglycämien

Zu den physiologischen Hypoglycämien gehören:

1. Hunger-Hypoglycämie (Fasten-Hypoglycämie) wird durch Hungern manifest. Diese Form findet sich auch bei Unterernährung (alimentäre Dystrophie), bei Abmagerungskuren und bei Anorexia nervosa (Magersucht). Das mit Heißhunger einhergehende Syndrom wird durch Insulinhypersekretion und relativen Glucosemangel verursacht.

2. Hypoglycämie nach Kohlenhydrat-Überernährung. Langdauernde übermäßige Kohlenhydratzufuhr führt zu einer Hypoglycämie (= diätetischer Hyperinsulinismus). Die in einzelnen Fällen nach reichhaltiger Saccharidzufuhr auftretende Blutzuckererniedrigung wird auch als *postalimentäre oder postprandiale Hypoglycämie* bezeichnet. Sie kann schon nach einem reichhaltigen Frühstück mit viel zuckerhaltiger Marmelade auftreten. Dieser Hypoglycämietyp kommt durch direkte, übermäßige Stimulierung der B-Zellen im Pankreas zustande; es ist eine Regulationsstörung, bei der zuviel Insulin ausgeschüttet wird. Natürlich muß bei dieser Form ein latenter oder manifester Diabetes ausgeschlossen werden.

3. Sport- und Arbeitshypoglycämien. Während und nach sportlicher und stärkerer körperlicher Arbeit können erhebliche Blutzuckersenkungen auftreten. Bei trainierten Langstreckenläufern konnten beim Eintritt von Ermüdungserscheinungen Blutzuckerabfälle bis zu hypoglycämischen Werten beobachtet werden. Teilnehmer eines Marathonlaufes zeigen Blutzuckersenkungen bis zu 40 mg/ml mit hypoglycämischen Anfällen („Sportschock"). Der *hypoglycämische Kollaps* nach erschöpfender, sportlicher Leistung kann vor allem beim Schwimmen, Bergsteigen und Klettern äußerst gefährlich sein und zum Tode führen. Offenbar beeinträchtigen niedere Blutzuckerwerte weniger die Muskeltätigkeit als die Leistungen des ZNS.

Die vorübergehende Störung der Glycogenmobilisierung in der Leber mit Blutzuckerabfall spielt beim Zustandekommen des *toten Punktes* beim Sportler eine große Rolle. Durch Mobilisierung von Glycogen unter Adrenalinausschüttung wird der tote Punkt überwunden und es tritt der „second wind" auf. Die Tatsache, daß vermehrte Muskelarbeit zu einer Blutsenkung führt, wird in der Be-

79

handlung des Diabetes ausgenützt (s. Kapitel: Diabetes und Muskeltätigkeit S. 55).

4. Hypoglycämien in der Schwangerschaft, bei Neugeborenen, im Schlaf und in der Rekonvaleszenz. Besonders in den ersten Monaten der *Schwangerschaft* können Hypoglycämien auftreten, die durch Heißhunger bei relativer Nebennierenrindeninsuffizienz gekennzeichnet sind. Auch während der *Lactationsperiode* kommt es zuweilen zu Blutzuckersenkungen.

Wegen des noch nicht funktionierenden Regulationsmechanismus sinkt bei *Neugeborenen* stoffwechselgesunder Mütter wenige Stunden nach der Geburt und während der ersten Lebenstage der Blutzucker auf Werte zwischen 60−25 mg/100 ml ab. Bei Neugeborenen *diabetischer* Mütter kommt es infolge eines Hyperinsulinismus zu plötzlichen Blutzuckersenkungen. Man kennt eine *idiopathische infantile Hypoglycämie (Mc. Quarrie),* die im 1.−5. Lebensjahr auftritt und auf eine Insulinüberempfindlichkeit zurückgeführt wird. Man muß daher auch bei *Kleinkindern* mit Unterzuckerungszuständen rechnen. Da bei *Neugeborenen* meist keine klinischen Zeichen einer Hypogylcämie auftreten, ist bei ihnen die Gefahr einer cerebralen Schädigung durch Unterzuckerung sehr groß.

Im *Schlaf* und in der *Rekonvaleszenz* treten infolge der vagotonen Umstellung häufig Hypoglycämien auf.

II. Funktionelle Hypoglycämien

Die funktionellen Hypoglycämietypen, die auch primäre funktionelle Hypoglycämien genannt werden, stellen die häufigste Form von Unterzuckerungszuständen dar. Sie beruhen vor allem auf einer *Fehlsteuerung des vegetativen Nervensystems* und kommen häufig in Kombination mit einer orthostatischen Dysregulation, einer Hypotonie des Blutdruckes und einer latenten Tetanie vor.

Man führt diese Hypoglycämieformen darauf zurück, daß die Nahrungsaufnahme einen übermäßig starken physiologischen Reiz auslöst, der zu einer Überstimulation der B-Zellen des Pankreas und damit zu einer zu starken Insulinausschüttung führt. Dieser Unterzuckerungszustand tritt charakteristischerweise 2−4 Stunden *nach* einer Mahlzeit auf, besonders nach saccharidreicher Nahrung. Die Krankheitssymptome sind leicht und reversibel; es kommt *nicht* zu Bewußtlosigkeit. Bei ständig saccharidreicher Kost ist die Insulinempfindlichkeit im allgemeinen größer als normalerweise.

Die bei *vegetativer Labilität* auftretenden Unterzuckerungszustände sind funktionelle Hypoglycämieformen. Vor allem treten beim vagoton eingestellten, leptosomen Konstitutionstyp bei zu langen Pausen zwischen den einzelnen Mahlzeiten hypoglycämische Zustände auf. Eine Erregung des *Parasympathicus* (Freisetzung von Acetylcholin an den Nervenendigungen) bewirkt eine *Erniedrigung* des Blutzuckers. Der wichtigste parasympathische Nerv ist der 10. Hirnnerv, der N. vagus.

Bei Erregung des *Sympathicus* (Freisetzung von Noradrenalin an den Nervenendigungen) entsteht indirekt eine *Erhöhung* des Blutzuckers. Wenn daher eine *vagotone* Tonuslage vorherrscht, dann kommt es leicht zu *hypoglucämischen* Reaktionen neben einer Bradykardie und Hypotonie des Blutdruckes: *vagotones Syndrom*. Im Gegensatz hierzu entspricht das *sympathicotone Syndrom* in vielem dem Bild einer Überfunktion der Schilddrüse mit Blutzuckererhöhung, Tachykardie, Steigerung des Blutdruckes und Neigung zum Schwitzen.

III. Symptomatische Hypoglycämien

Unter symptomatischen (oder sekundären funktionellen) Hypoglycämien versteht man Blutzuckererniedrigungen, die *sekundär* im Verlauf organischer Grundkrankheiten auftreten. Sie kommen vor bei Parenchymerkrankungen der *Leber* und des *Pankreas*, sowie bei Magen-Darmerkrankungen, vor allem bei Lebercirrhose, Fettleber, akuter gelber Leberatrophie, Metastasenleber, Hepatitis, Stauungsleber und Pankreatitis. Bei diesen hepatogenen Hypoglycämien ist die Glycogenbildung gestört.

Unter bestimmten Umständen führen *nichtdiabetische Glucosurien* (alimentäre Glucosurie, *renaler Diabetes,* Reizglucosurien S. 1) zu hypoglycämischen Zuständen, ebenso auch bei angeborenen Störungen im *Glycogen-Stoffwechsel* mit Störungen im Abbau des Glycogens (Glycogen-Speicherkrankheit S. 13), sowie bei *Fructoseintoleranz* (S. 6) und bei *Galactose-Krankheit* (S. 10). Im Verlauf eines *Praediabetes* kommen auch Spontanhypoglycämien vor, die meist 3–5 Stunden nach den Mahlzeiten in Erscheinung treten. Schließlich finden sich auch Unterzuckerungszustände bei *Leucin*empfindlichkeit und bei Erkrankungen des ZNS (bei Tumoren und Dystrophia musculorum progressiva).

Dumping-Syndrom und Hypoglycämie

Die nach Magenresektion auftretenden Störungen werden unter dem Begriff *Dumping-Syndrom* zusammengefaßt. Es steht mit dem raschen und unmittelbaren Übergang von Nahrungssubstanzen aus dem Magenstumpf in den Dünndarm in ursächlichem Zusammenhang.

Nur die *Spätform* des Dumping-Syndroms, (Spät-Dumping-Syndrom), die 1−3 Stunden nach der Nahrungsaufnahme einsetzt,
ist mit dem Auftreten einer symptomatischen *Hypoglycämie*
verbunden.

Zum Beschwerdekomplex des Dumping-Syndroms gehören:
Völlegefühl, Magenbeschwerden, Herzklopfen, Tachykardie, Atem-
beschwerden, Schwindel, Schweißausbruch, Ohnmacht und ortho-
statische Kreislaufstörungen. Es ist zwischen der *Frühform* des
Dumping-Syndroms zu unterscheiden, die bereits einige Minuten
nach der Nahrungsaufnahme auftritt und der erst 1−3 Stunden
nach der Mahlzeit einsetzenden *Spätform*; nur bei dieser kommt es
zu einem symptomatischen Hypoglycämietyp.

Ursachen des Dumping-Syndroms. Wahrscheinlich spielen bei
der *Frühform* infolge von Sturzentleerungen aus dem Magen *me-
chanische* Vorgänge eine auslösende Rolle, wie z. B. Überdehnung
des Magenstumpfes und eine zu rasche Füllung des Jejunums.
Offenbar kann es unter diesen Verhältnissen zu einer Vagusreizung
mit übermäßigem Bluteinstrom in das Splanchnicusgebiet und als
Folge hiervon zu einem Kreislaufkollaps kommen. Das Wort
Dumping, das zum erstenmal von *Mix* (1922) gebraucht worden ist,
bedeutet soviel wie „plumpsen" und sollte als Ursache der Störung
die Sturzentleerung charakterisieren *(Koelsch).*

Als Ursache der *Spätform* (Spät-Dumping-Syndrom), die erst
etwa 1−3 Stunden nach der Mahlzeit auftritt, sind folgende Gesichtspunkte maßgebend: Durch die rasche Magenentleerung
kommt es zu einer überstürzten Resorption von Sacchariden im
Dünndarm und damit zu einer stärkeren alimentären Blutzucker-
steigerung. Diese ruft eine Gegenregulation mit überschießender
Insulinausschüttung hervor, die eine reaktive *Hypoglucämie* zur
Folge hat (postprandiale Hypoglycämie).

Biochemie des Dumping-Syndroms. Verschiedene biochemische Ergebnisse sprechen für einen Zusammenhang des Dumping-Syndroms mit dem
Serotonin (Enteramin), das zu den lokal wirkenden, die Darmperistaltik an-
regenden Gewebshormonen gehört. Es ist chemisch ein 5-Hydroxy-trypta-
min. Während der Dumpingbeschwerden wird in vermehrter Menge ein Abbauprodukt des *Serotonins* im Harn ausgeschieden, die *5-Hydroxy-Indol-
essigsaure.* Durch vorherige Verabreichung von Serotoninantagonisten kann
das Auftreten der Dumpingbeschwerden verhindert werden und gleichzeitig
vermindert sich die Ausscheidung von 5-Hydroxy-Indolessigsaure im Harn.
Im gleichen Sinn spricht das Ergebnis, daß nach intravenosen Gaben von
Serotonin Dumpingbeschwerden auftreten konnen.

82

Als weiterer Faktor, der beim Zustandekommen des Dumping-Syndroms noch mitspielt, ıst ein Eisenmangelzustand, der durch zwei verschiedene Ursachen begünstigt wird: Durch die Magenresektion wird nicht nur die resorptive, sondern auch die sezernierende Oberfläche reduziert, was zu einem Mangel an Magensaft führt, dessen Salzsäurekomponente eine wesentliche Bedeutung für die *Eisenresorption* hat. Andererseits gelangt infolge der beschleunigten Passage der Nahrungsbrei in einen für die Resorptionsverhaltnisse ungünstigen Darmabschnitt, so daß auch dieser Umstand das Auftreten eıner *Eisenmangelanamie* begunstigt (Eisenmangelanamie nach Magenresektion). Bei der Fruhform des Dumping-Syndroms hat sich nach *W. Schrade,* zur Vermeidung des orthostatischen Kreislaufkollaps das Anlegen eıner festen breiten Leıbbinde bewahrt.

S e r o t o n i n (E n t e r a m ı n)
5 - H y d r o x y - t r y p t a m ı n

5 - H y d r o x y - I n d o l e s s i g s ä u r e

IV. Organisch bedingte Hypoclycämien (Hyperinsulinismus)

1. Primärer Hyperinsulinismus (Pankreatogener Hyperinsulinismus) Die Ursache dieser Form liegt im Pankreas selbst, sie beruht entweder auf einer Hypertrophie bzw. einem Insulin produzierenden Inselzellenadenom (Insulom) oder einer malignen Geschwulst (Insel-Zellencarcinom, d. h. Carcinom der B-Zellen mit Riesenformen bzw. BB-Zellen). Die bei Neugeborenen *diabetischer* Mütter auftretende Pankreashypertrophie gehört ebenfalls in diese Gruppe des prımären Hyperinsulinismus.

Insulome sınd kleine Tumoren, die ın allen Teilen des Pankreas vorkommen (90 % gutartig, 10 % bosartig). Der Insulingehalt pro Gramm Tumorgewebe entspricht bıs zu 85 IE.
Die Bildung eines ,,ınsulın like factor" wırd beı mesenchymalen bösartıgen Tumoren wie retroperitonealen Fıbrosarkomen gefunden. Bei dıesen Tumoren sınd Indolderıvate wırksam (Indolessigsaure, Indolpropionsaure, Indolbuttersaure), die in der Geschwulst als Abbauprodukte des Tryptophans entstehen. 15 mg Indolbuttersaure entsprechen ın der Wırkung eıner Insulıneınheit.
Insulome werden haufig erst spat erkannt und oft gelangen dıe Betroffenen wegen der Art der Beschwerden zuerst zum Neurologen oder Psyc̣hiater. Charakterıstısche Symptome des Hyperinsulınısmus sind Schockzeichen: Plotzlıch auftretendes Hungergefuhl, Schweıßausbruch, Zittern (Tremor), neurologische und psychische Storungen. Dıe Beschwerden treten nachts oder ın den fruhen Morgenstunden *vor* dem Fruhstuck oder 2–4 Stunden

nach den Mahlzeiten auf. Durch Nahrungsaufnahme werden die Beschwerden für eine zeitlang zum Verschwinden gebracht.

2. *Sekundärer Hyperinsulinismus* (relativer Insulinismus) Die sekundäre Form beruht auf einem *Mangel an Insulinantagonisten.* Sie tritt auf bei:

a) *Unterfunktion oder Ausfall des Hypophysenvorderlappens* (Adenohypophyse) bei Zerstörung des HVL durch Tumoren oder infolge einer infektiösen Erkrankung oder bei HVL-Atrophie (*Simmonds*sche Krankheit), ferner nach Hypophysektomie und beim hypophysär bedingten *Myxödem.*

b) *Unterfunktion oder Ausfall der Nebennierenrinde (NNR)* bei Zerstörung oder Schädigung der NNR durch Tumoren, infektiöse Erkrankungen, NNR-Atrophie (*Addison*sche Krankheit).

2. *Exogene Hypoglykämien* (Artefizielle oder medikamentöse Hypoglycämien)

Unter exogenen Hypoglycämien versteht man alle durch exogene Intoxikationen verursachten Unterzuckerungszustände. Man unterscheidet folgende Formen:

I. Hypoglycämien durch Verabreichung von Insulin und oralen Antidiabetika Es handelt sich um relative oder absolute *Überdosierungen* von Insulin oder oralen Antidiabetika, entweder während einer Diabetesbehandlung oder in suicider Absicht oder bei Mord. Es kommt zum *hypoglycämischen Anfall,* der sich vor allem bei Insulinüberdosierung zum Coma mit Krampfsymptomen steigern kann („Insulinschock") s. vorhergehendes Kapitel: Verschiedene Stadien des Hypoglycämie-Syndroms.

Beim Diabetiker kommt es vor, daß Mahlzeiten trotz vorheriger Insulingabe ausgelassen werden oder die Insulindosis zu hoch genommen wird oder die Kohlenhydrat-Toleranz sich unmerklich gebessert hat. Besonders gefährdet durch eine Insulinüberdosierung sind Kinder, Cerebralsklerotiker und Unterernährte. Depotinsuline können unmerkliche, im Schlaf auftretende Hypoglycämien mit „nächtlichem Schwitzen" verursachen.

Als orale Antidiabetika kommen vor allem *Sulfonamidderivate* (Sulfonylharnstoffe) und *Biguanide* in Frage (S. 45). Die Sulfonamidderivate stimulieren die Produktion und Ausschüttung von Insulin aus den B-Zellen des Pankreas. Bei Überdosierung oder falscher Indikationsstellung kommt es zu *hypoglycämischen Erscheinungen.* Es handelt sich hierbei nicht um eine echte Nebenwirkung, sondern um eine Übersteigerung der gewünschten Wirkung. Besonders von *Glibenclamid* (Euglucon 5) wurden bei Überdosierung häufig hypoglycämische Zustände beschrieben. Im allgemeinen bleibt es bei leichten hypoglycamischen Symptomen, wie Kopfschmerzen, Schwindel, Unwohlsein, Schweißausbruch, Heißhunger und Herzklopfen. Es kann auch zu schweren Anfallen kommen bis zum Bild eines apoplektischen Insultes mit Verwirrtheitszustanden, Sprachstorungen, Hemiparesen und fehlender Pupillenreaktion.

Die hypoglycamische Wirkung der *Biguanide* (z. B. Phenformin) ist vom Insulin unabhangig. Die Anwendung der Biguanide führt im allgemeinen zu keinen ernsten hypoglycamischen Reaktionen, da sie die Blutglucose-Konzentration nur langsam senken und ihnen mehr ein stabilisierender Effekt auf die diabetische Stoffwechsellage zugeschrieben wird.

Unter der Bezeichnung *Hypoglycaemia factitia* werden alle *medikamentos* ausgelosten Unterzuckerungszustande zusammengefaßt. Suicidversuche mit Insulin verlaufen haufig todlich oder führen zu irreversiblen cerebralen Schaden. Zur Differentialdiagnose ist zu erwahnen, daß Hypoglycamien bei organisch bedingtem Hyperinsulinismus nur im Nuchternzustand auftreten, dagegen medikamentos hervorgerufene, kunstliche Hypoglycamien zu jedem Zeitpunkt, aber immer in zeitlichem Zusammenhang mit der Applikation der Pharmaka. Es sind etliche Falle von Suicidversuchen mit Insulin bekannt, bei denen 200–400 IE Altinsulin oder 400–2000 IE Depotinsulin injiziert worden sind. Bei den artefiziell hervorgerufenen schweren Comazustanden erinnert das Erscheinungsbild mehr an eine Apoplexie als an einen hypoglycamischen Zustand.

II. Hypoglycämien nach Verabfolgung von blutzuckersenkenden Pharmaka (außer Insulin und oralen Antidiabetika) Verschiedene Pharmaka, die das vegetative Nervensystem beeinflussen, können in ausreichender Dosierung hypoglycämische Zustände hervorrufen: Atropin, Barbitursäure, Ergotropin, Pilzgifte, Strychnin, Sulfonamide, Tetrachlorkohlenstoff, Vitamine der B-Gruppe u. a. In Einzelfällen können unter bestimmten Voraussetzungen nach Einnahme folgender Medikamente auch Hypoglycämien auftreten: p-Aminosalicylsäure (PSA), Diaminophenanazon, Dicumarol, D-Ribose, Guanidin, Nicotinsäure, Nicotinamid u. a. Eine geringe blutzuckersenkende Wirkung haben die Zwiebel, der Samen von Eugenia iambolana, Extrakte aus der Rinde von Fixus bengalensis, aus den Wurzeln eines arabischen Steppendornstrauches und aus den Luzernen und anderen Pflanzen.

Alkoholbedingte Hypoglycämie. Wie bereits auf S. 79 erwähnt, kann bei geschädigter Leber die Zufuhr von Äthylalkohol in großer Menge zu einer Glycogenverarmung des Organs und damit zum Auftreten einer Hypoglycämie führen. Gleichzeitig ist die blutzuckersenkende Wirkung von Insulin und oralen Antidiabetika verstärkt.

Schließlich gibt es noch die *traumatisch bedingte Hyperglycämie,* bei der die Schädigung im Hypothalamus oder im Hirnstamm liegt.

Anhang

Zur Behandlung hypoglycämischer Zustände

Die Behandlung richtet sich nach dem Stadium und dem Typ des vorliegenden Unterzuckerungszustandes. Beim *kleinen und mittleren Anfall* genügen meistens perorale Zuckergaben, um den Zustand zu beheben. Bei den *symptomatischen* Formen steht die Behandlung der Grundkrankheit im Vordergrund.

Den mit Insulin oder oralen Antidiabetika behandelten Zucker-kranken muß man auf die Erscheinungen der Überdosierung mit den Hauptsymptomen (Schwitzen, Frösteln, Heißhunger, Zittern, innere Unruhe, Reizbarkeit) aufmerksam machen, damit er sich selbst durch Einnehmen von Zucker („Taschen-zucker"), Keks, Zuckerwasser oder zuckerhaltigen Nahrungs-mitteln helfen kann. Die kleinen und mittleren hypoglycä-mischen Anfälle mit Verwirrtheitszuständen und Schwindel-erscheinungen werden vom Laien oft als Trunkenheit ver-kannt.

Nach Altinsulingaben beobachtet man den Anfall gewöhnlich eine halbe bis zwei Stunden nach der Injektion. Bei Depotinsulinen entstehen mehr schleichende hypoglycämische Zustände. Als einen gewissen Schutz gegen Hypoglycämien läßt man beim Diabetiker eine *geringfügige* Restglucosurie bestehen. Bei der Verwendung von Depotinsulinen muß darauf geachtet werden, daß vor der Injektion der Blutzucker nicht gesenkt ist und die neue Insulin-gabe nicht mit der vorhergehenden zusammenwirkt.

Die Behandlung der *funktionellen* Hypoglycämien verlangt vor allem — wie bei allen Diabetestypen — eine diätetische Behandlung. Da bei diesen Formen meist eine pluriglanduläre Insuffizienz be-steht, werden zusätzlich geeignete Hormonpräparate gegeben. Auch eine medikamentöse Dämpfung des vegetativen Nervensystems ist meist erforderlich. Beim primären Hyperinsulinismus kommt die chirurgische Behandlung in Frage.

Im großen hypoglycämischen Anfall und im Comazustand sind so schnell wie möglich i. V. Glucosegaben notwendig, da Lebens-gefahr besteht. Die Glucosedosis muß hoch genug bemessen wer-den, denn der gesamte Zuckergehalt des Blutes beim Erwachsenen beträgt etwa 5 g; dies entspricht einer Blutmenge von 5 Litern und einem mittleren Blutzuckergehalt von 100 mg/100 ml. Wenn der Blutzuckergehalt z. B. auf die Hälfte absinkt, dann verschwinden allein aus dem Blut 2,5 g Glucose und aus den 25 l Flüssigkeit im Extrazellulärraum noch viel mehr. Daher müssen große Zuckergaben verabfolgt werden entweder als Dauerinfusion oder wiederholte i. v. Injektionen einer sterilen 40 %igen Glucoselösung, so daß jedesmal 10−20 g Glucose erreicht werden, insgesamt eine extreme Menge bis zu 200 g oder auch mehr. Oft erwachen die bewußtlosen Kranken während der i. v. Glucosegaben. Wenn der Kranke wieder schlucken kann, dann hilft man mit peroralen Glucosegaben nach. Im Zweifelsfall, ob ein hypo- oder hyperglycämisches Coma vorliegt, wende man zunächst stets i.V. Glucosegaben an, da diese im Coma diabeticum nicht schaden, dagegen eine Insulininjektion bei bestehender Hypoglycämie zum Tode führen kann.

Wenn Injektionen oder Infusionen wegen des Krampfzustandes nicht möglich sind, dann kann man versuchen, 40 %ige Glucoselösung zwischen die Lippen zu träufeln. Die Gefahr der Aspiration ist nicht zu befürchten, da in diesem Zustand die trockene Mundschleimhaut sehr wassergierig ist und die Flüssigkeit resorbiert.

Zur Hypoglycämiebehandlung steht auch der Antagonist von Insulin, nämlich *Glucagon* zur Verfügung. Gewöhnlich klingen nach 0,5−1,0 mg Glucagon, subc. oder i.m., die hyperglycämischen Symptome innerhalb von 10−15 Minuten ab. Das in den A-Zellen des Pankreas produzierte Glucagon stimuliert die Glygenolyse. Glucagon wird auch zur Beendigung des therapeutischen Insulin-Schocks verwendet.

Auch die hyperglycämisierend wirkenden *Thiacinderivate* (S. 72) kommen zur Behandlung von Unterzuckerungszuständen in Frage. Der Hauptrepräsentant ist das *Diacoxid* (Diazoxid). Schließlich kann auch die blutzuckersteigernd wirkende *Mannoheptulose* (S. 73) therapeutisch verwendet werden.

Rechtliche Auswirkung hypoglycämischer Zustände

Da Spontanhypoglycämien mit psychopathologischen Zuständen verbunden sind, stellt sich die Frage der Verminderung bzw. Aufhebung der Unrechtseinsicht und der freien Willensbestimmbarkeit (§ 51 StGB).

Im Allgemeinen sind die Unterzuckerungszustände vorübergehender Natur, aber durch rasche Aufeinanderfolge schwerer akuter Hypoglycämien kann es zu einer chronischen hypoglycämischen Stoffwechsellage kommen, die über eine organische Hirnschädigung zu psychischen Dauerveränderungen führen. Die diagnostische Klärung eines Hypoglycämiezustandes ergibt sich aus dem abnorm niedrigen Blutzuckernüchternwert, aus der Tagesblutzuckerkurve und aus dem Ausfall der Blutzuckerbelastungsprüfungen.

Psychische Veränderungen können schon bei 60−70 mg/100 ml Blutzucker auftreten; Werte unter 50 mg/100 ml rufen in der Regel deutliche psychische Alterationen hervor, wobei für deren Auslösung neben dem Ausmaß auch das Tempo des Blutzuckerabfalls von Bedeutung ist. Die psychischen Störungen können zu mehr oder weniger tiefgreifenden Ausfällen im Bereich der höheren Intelligenzfunktionen (Urteilsfähigkeit; Kritikvermögen; moralisches Verhalten) führen. Neben der unmittelbaren Lebensgefahr im hypoglycämischen Coma können mittelbare Bedrohungen des Betroffenen und seiner Umgebung heraufbeschworen werden. Vor allem besteht eine Unfallgefährdung als *Kraftfahrer* am Steuer, sowie am Arbeitsplatz und im Haushalt. Sicher sind manche Verkehrsunfälle deren Ursache auf „überhöhte Geschwindigkeit", Trunkenheit oder Übermüdung zurückgeführt wird, durch hypoglycämische Zustände verursacht. Da die Hypoglycämie die Gehirnfunktion beeinträchtigt, ist im Unterzuckerungszustand die Reaktionsfähigkeit des Kraftfahrers gestört.

Es ist in jedem Fall medizinisch zu klären, ob bei dem Täter echte hypoglycämische Zustände mit psychischen Veränderungen auftreten. In diesem Zusammenhang ist die Forderung berechtigt, bei unklaren Delikten außer der Blutalkoholuntersuchung auch eine Kontrolle des Blutzuckers vorzunehmen.

4. Fragen-Sammlung

Die Antworten zu den Fragen finden sich im Textteil auf den angegebenen Seiten.

1. Was gibt es für *nichtdiabetische* Storungen im Kohlenhydrat-Stoffwechsel? S. 1
2. Welche Typen von nichtdiabetischen Glucosunen unterscheidet man? S. 1
3. Bei welcher Blutglucosekonzentration liegt normalerweise die Nierenschwelle für Glucose? S. 2
4. Leitsymptome der alimentaren Glucosurie? S. 2
5. Leitsymptome der renalen Glucosurie? S. 2
6. Was versteht man unter Schwangerschaftsglucosurie? S. 2
7. Leitsymptome der Reizglucosunen? S. 4
8. Was sind Fructosunen? S. 4
9. Was versteht man unter einer Lactosurie? S. 7
10. Was ist eine Schwangerschafts-Lactosurie? S. 7
11. Was gibt es für Arten von Pentosunen? S. 8
12. Wann liegen Galactosunen und Galactose-Krankheiten vor? S. 10
13. Welche Typen von Glycogen-Speicherkrankheiten (Glycogenosen) gibt es? S. 13
14. Welche *nichtdiabetischen* Storungen des Kohlenhydrat-Stoffwechsels sind erblich? S. 16
15. Welche Abweichungen der Glucosetoleranz im Alter sind bekannt? S. 16
16. Welche Arten von Kohlenhydrat-Resorptionsstorungen (KH-Malabsorptionen) werden unterschieden? S. 17
17. Was versteht man unter primarem und sekundarem Diabetes mellitus? S. 20, 73
18. Definition des primaren, erbbedingten Diabetes mellitus? S. 20
19. Wie hoch ist der Prozentsatz an Diabetikern unter der Bevolkerung der Bundesrepublik Deutschland? S. 20
20. Welche drei Diabetes-Stadien unterscheidet man? S. 21
21. Was versteht man unter Praediabetes und latentem Diabetes? S. 21
22. Welches sind die Leitsymptome des manifesten oder klinischen Diabetes mellitus? S. 24
23. Diabetes-Formen nach dem Erkrankungsalter? S. 26
24. Kriterien des Jugendlichen- Erwachsenen-Diabetes? S. 27
25. Was versteht man unter iatrogenem Diabetes? S. 27
26. Was ist ein Hungerdiabetes? S. 27
27. Normalwerte des Nuchternblutzuckers? S. 28
28. Wie wird die orale Glucose-Belastungsprobe durchgeführt? S. 29
29. Welcher Blutzuckerwert hat für die Beurteilung der oralen Glucose-Belastungsprobe den größten diagnostischen Wert? S. 29
30. Welche Faktoren begunstigen die Manifestation des Diabetes mellitus? S. 31
31. Theorie der extrapankreatischen Pathogenese des Diabetes mellitus? S. 31

32 Was sind Insulinantikörper? S. 33

33. Wirkungsmechanismus des Insulins? S. 34

34. Wieviel IE Insulin werden vom erwachsenen, gesunden Menschen im Inselsystem täglich produziert? S. 34

35. Wie verlaufen die normalen Abbauwege der Glucose? S. 36

36. Welche Stoffwechselstörungen treten beim Diabetes mellitus auf? S. 38

37. Wie läßt sich das Auftreten der diabetischen Hyperglycämie erklären? S. 39

38. Wie kommt es zur Ketonämie beim Diabetes mellitus? S. 38

39. Zusammenfassung der wichtigsten Stoffwechselstörungen beim Diabetes mellitus? S. 42

40. Wie verlauft der Fettsauren-Stoffwechsel beim D.m.? S. 40

41. Sonderstellung von Fructose, Sorbit und Xylit als sog. „Diabeteszucker"? S. 41

42. Wie verhält sich Äthylalkohol (Äthanol) beim Diabetiker? S. 44

43. Wie ist der Wirkungsmechanismus der oralen Antidiabetika? S. 45

44. Was gibt es für Formen des Coma diabeticum? S. 47

45. Was versteht man unter ketoacidotischem, hyperosmolarem und lactacidotischem Coma? S. 48; 49; 50

46. Leitsymptome der diabetischen Comaformen? S. 51

47. Bei welcher Diabetesform ist am ehesten mit einem hyperosmolaren, nicht ketoacidotischen Coma zu rechnen? S. 50

48. Welche klinischen und biochemischen Symptome dienen zur Differentialdiagnose zwischen Coma diabeticum und hypoglycämischen Zuständen? S. 53

49. Wie wirken sich Muskelarbeit und sportliche Tätigkeit auf den Diabetiker aus? S. 55

50. Was versteht man unter Makro- und Mikro-Angiopathie bei Diabetes? S. 57; 58

51. Welche Form der diabetischen Mikroangiopathie tritt beim Diabetiker am frühesten auf und ist am leichtesten diagnostizierbar? S. 63

52. Häufigste Todesursache der Diabetiker? S. 59

53. Was ist über den Hautzuckergehalt der Diabetiker bekannt? S. 66

54. Was weiß man über den Zusammenhang von Arteriosklerose, Hypertonie und Diabetes? S. 67

55. Neurologische Erscheinungen bei Diabetes? S. 68

56. Was gibt es für chemisch-hervorgerufene Diabetesformen? S. 69

57. Was versteht man unter Hypoglycämie-Syndrom? S. 75

58. Welche Faktoren sind für den Grad einer Hypoglycämie mitbestimmend? S. 76

59. Welche Stadien des Hypoglycämie-Syndroms unterscheidet man? S. 76

60. Wie werden die Hypoglycämien (Unterzuckerungszustände) eingeteilt? S. 78

61. Gibt es einen Zusammenhang zwischen dem Dumping-Syndrom und einem Hypoglycämiezustand? S. 81

62. Welche Folgen hat eine Überdosierung von Insulin? S. 84

63. Können bei Überdosierung von oralen Antidiabetika hypoglycämische Erscheinungen auftreten? S. 84

Literatur

1. *Gross, R., D. Jahn* und *P. Scholmerich,* Lehrbuch der Inneren Medizin. 2. Aufl., (Stuttgart, 1971).
2. *Kuhn, H. A., L. Heilmeyer,* Innere Medizin (Lehrbuch). 3. Aufl., (Berlin – Heidelberg – New York, 1971).
3. *Bock, H–E.,* Pathophysiologie (Lehrbuch). 1. Aufl., (Stuttgart, 1972).
4. *Karlson, P.,* Kurzes Lehrbuch der Biochemie. 8. Aufl., (Stuttgart, 1974).
5. *Buhlmann, A. A., F. R. Froesch,* Pathophysiologie, 1. Aufl. Heidelberger Taschenbucher 101, (Berlin – Heidelberg – New York, 1972).
6. *Ganong, W. F.,* Medizinische Physiologie (Lehrbuch). 1. Aufl., (Berlin – Heidelberg – New York, 1971).
7. *Heilmeyer, L.,* Lehrbuch der speziellen, pathologischen Physiologie. 11. Aufl., (Stuttgart, 1968).
8. *Siegenthaler, W.,* Klinische Pathophysiologie. 1. Aufl., (Stuttgart, 1971).
9. *Schreier, E.,* Die angeborenen Stoffwechselanomalien. 1. Aufl., (Stuttgart, 1963).
10. *Grosse-Brockhoff, F.,* Pathologische Physiologie. 2. Aufl., (Berlin – Heidelberg – New York, 1969).
11. *Mehnert, H., K. Schoffling,* Diabetologie in Klinik und Praxis, Teil 1–6, 1. Aufl., (Stuttgart, 1975).
12. *Pfeiffer, E. F.,* Handbuch des Diabetes mellitus. Bd. 1 u. 2, 1. Aufl., (Munchen, 1969 u. 1971).
13. *Buddecke, E.,* Grundriß der Biochemie (Lehrbuch). 3. Aufl., (Berlin, 1973).
14. *Mehnert, H., H. Forster,* Stoffwechselkrankheiten. 2. Aufl., (Stuttgart, 1975).

Sachverzeichnis

Abbauwege von Glucose u. Fructose 37 (Abb. 8)
Acetessigsäure 39, 48
Aceton 48
Acetyl-Coenzym A (Acetyl Co A) 36, 37, 48
Acidämie 48
Acidose, dekompensierte 48
–, kompensierte 48
–, metabolische 48
–, stoffwechselbedingte 48
Aktivierte Essigsäure 37 (Abb. 9)
Adenosin-Triphosphat (ATP) 11
Adrenalinglucosurie 4
Adrenalinvergiftung 78
Äthylalkohol u. Diabetes 44
Alactasie 7
Alimentare Galactosurien 10
–, Glucosurien 2, 10
–, Pentosurie 8
Alkolose 78
Alloxan-Diabetes 70
– – u. Borsaure 71
Alloxanwirkung, Mechanismus 70
Altersdiabetes 23
Amylopectinose (Anderson) 15
Amylo-1,4-1,6-Transglucosidase 15
Angiopathien, diabetische, Einteilung 57
Antidiabetika, orale 45
–, Wirkungsmechanismus 45
Antigen-Antikörper-Komplex 33
Arabinose 8
Arabit 8
Arbeitshypoglykamie 79
Arterielle Verschlußkrankheit u. Diabetes 59
Arteriosklerose u. Diabetes 59
Atherome, xanthomatöse 66
Austrocknungssymptom 49
A-Zellen des Pankreas 34

Benzothiadiazin-Derivate 72
Biguanide als Antidiabetika 46
–, Wirkungsweise 46

B-Inselzellen (B-Zellen des Pankreas) 34
Blutglucosegehalt (Nuchternwert) 28
–, bei Diabetes 28
Blutzucker, enzymatische Bestimmung 28
–, Gehalt nach oraler Belastung 29
– im Alter 28
–, Regulation 41
–, Teststreifen 54
Blutzuckerkurve bei Diabetes 30
Borsaure u. Alloxandiabetes 71
Brenzchatechinamine 32
Brenztraubensäure (BTS) 37; (Abb. 8)
Brittle-Diabetes 26

Carrier-Mechanismus 18
Chemisch hervorgerufener Diabetes 69
Chlorothiacid 72
Citratcyclus 36
Citronensaure 36
–, Cyclus 36
Coenzym A (CoA) 36; (Abb. 9)
Coma diabeticum 47
– –, anacidotisches 48
– –, Biochemie 47
– –, Diagnose 47
– –, Differentialdiagnose 53
– –, Formen 47
– –, hyperglycamisches 47
– –, ketoacidotisches 49
– –, Ketogenese 48
– –, Laborbefunde 48
– –, lactoacidotisches 48
– – mit Hyperosmolarität 48
– –, nichtacidotisches 48
– –, osmotische Diurese 49
– –, Symptome 53 (Tab. 7)
– –, Therapie 54
– –, u. Mineralhaushalt 52 (Tab. 6)
– –, Ursachen 51 (Tab. 5)
Conn-Syndrom 68
Cortisol 17
Corticosteroide 32
Corticotropin 22; 32

Cushing-Syndrom 68
Cyclamat 44
Cyclus nach *Embden-Meyerhof* 36
– –, *Horrecker* 8

Dauerinsuline 37 (Tab. 3a)
Dauerhyperglykamie 24
Depotinsuline 37 (Tab. 3a)
Dextrose-Diabetes 20
Dextrostix 54
Diabetes mellitus 20
– –, Abmagerung 25
– –, Angiopathie 58; (Abb. 10)
– –, Äthylalkohol 44
– –, Arteriosklerose 67
– –, asymptomatischer 23
– –, Atherosklerose 59
– –, Augenhintergrund 63
– –, Biochemie 34
– –, chemisch-hervorgerufener 69
– –, chemischer 23
– –, Definition 20
– –, Diagnose 24
– –, der Erwachsenen 27
– –, durch Alloxan indiziert 70
– –, endogener 73
– –, extrapankreatische Pathoge-
nese 31
– –, Fettsauren-Stoffwechsel 40
– –, Folgekrankheiten 57
– –, Gangrán 62; 66
– –, Gefaßkrankheiten 58
– –, Gicht 71
– –, Glomerulosklerose 61
– –, Haufigkeit 20
– –, Hauterkrankungen 65
– –, Hautzuckergehalt 66
– –, hepatischer 74 –
– –, Herzinfarkt 59
– –, hormonaler 73
– –, Hypertonie 67
– –, hypophysarer 68
– –, iatrogener 27
– –, jugendlicher 26
– –, juveniler 26
– –, kindlicher 26
– –, Klassifikation 20
– –, klinischer 22
– –, Komplikationen 57

Diabetes mellitus, labiler 26
– –, latenter 21; 23
– –, Lebererkrankungen 64
– –, Leitsymptome 24
– –, Lipodystrophie 66
– –, Lipoidose 67
– –, manifester 22
– –, medikamentos induzierter 73
– –, Mucopolysaccharide 61
– –, Muskelarbeit 55
– –, nach *Brittle* 26
– –, neurologische Erscheinungen
68
– –, Neuropathie 68
– –, Pathogenese 30
– –, pathol.-anatomische Befunde
40
– –, pathophysiologische Vorgange
34
– –, potentieller 22
– –, primarer, erbbedingter 20
– –, Retinophatie 63
– –, sekundarer 73
– –, Sekundärsymptome 24
– –, Stadien 21
– –, Stoffwechselstorungen 38
– –, subklinischer 23
– –, u. Schwangerschaft 4
– –, u. Sport 55
– –, Vorstadien 21
– –, Zweitkrankheiten 57
– –, Zusammenstellung der Krite-
rien 21
Diabetesphasen 21
Diabetes-Typen 21
–, Alloxandiabetes 70
–, Altersdiabetes 23
–, Dithizondiabetes 72
–, Gegenregulationsdiabetes 28
–, Hypophysendiabetes 73
–, insulinärer Diabetes 31
–, Insulinhemmungsdiabetes 32
–, Insulinmangeldiabetes 73
–, kindlicher Diabetes 26
–, Leberdiabetes 64
–, Nebennierenrinden-Diabetes 73
–, neurogener Diabetes 68
–, Oxindiabetes 72
–, renaler Diabetes 2

–, Steroid-Diabetes 73
–, traumatischer Diabetes 73
–, zentraler Diabetes 73
Diabetiker Zucker 41
Diabetische Diarrhoe 19
–, Glucosurie 24
–, Hyperglykämie, Ursachen 24
–, Neuropathie 68
–, Primärsymptome 20
–, Sekundärsymptome 57
–, Triopathie 69
Diabetogene Stoffe 69
Diacoxid, Wirkung 72
Dicken-Horrecker Cyclus 8
Dipar 45
Disaccharid-Malabsorptionen 19
–, Resorptionsstörungen 19
Drogen-induzierter Diabetes 69
Dumping-Syndrom 81
– –, Biochemie 82
– –, Frühform 82
– –, Spatform 82
Dysinsulinismus 32

Embden-Meyerhof-Abbauweg
   (E-M-Weg) 36
Endogener Intoxikationsdiabetes 71
Enzym-Block bei Fructoseintoleranz
   6
– – –, Galactosämie 11; 12
– – –, Glycogenose 13; 14
Enzymopathie 6
Epinephrin (Adrenalin) 77
Erbliche, nichtdiabetische Störungen
   16
Erwachsenen-Diabetes 26; 27
Essentielle (benigne) Fructosurie 6
–, Pentosurie 8
Essigsaure, aktivierte 36
Euglucon 5; 45
Examensglucosurie 5
Exsiccose-Symptome 49
Experimenteller Diabetes 73

Facies diabetica 67
Fährboot-Mechanismus 18
Fahrtauglichkeit 88
Fastendiabetes 27
Fastenhypoglykamie 79

Ferry-boat-Mechanismus 18
Fettleber u. Diabetes 64
Fettsauren-Stoffwechsel u. Diabetes
   40
Fettverdauung 18
Fluoreszenz-Retinopathie 64
Fragensammlung 89
Fructokinase (Ketokinase) 6; 41
Fructose (Laevulose) 41
–, Abbauweg 41
–, Sonderstellung 41
Fructoseintoleranz 6
–, Enzymblock 6
–, hereditäre 6
Fructose-1-phosphat 6; 41
Fructose-1-phosphat-Aldolase 6
Fructose-Stoffwechsel 41

Galactokinase 12; (Abb. 4)
Galactosamie 10
Galactose 10
–, aktivierte 11
–, Belastungsprobe 12
–, Umwandlung in Glucose 10; 12
Galactose-Krankheit 10
Galactose-Malabsorption 19
Galactose-phosphat 11
Galactose-Resorptionsstörungen 19
Galactose-Stoffwechsel 11
Gangran u. Diabetes 59
Gefäßkrankheiten u. Diabetes 58
Gegenregulationsdiabetes 28
Generalisierte Glycogenose (Pompe-
   sche Krankheit) 15
Gicht u. Diabetes 71
Glibenclamid 45
Glomerulosklerose, diabetische 61
–, nach Kimmenstiel 62
– –, Wilson 62
Glucagon 34
Glucokinase-Enzym 35
Glucuronsäure-Xylulose-Cyclus 10;
   (Abb. 3)
Glucose, Abbauweg 37; (Abb. 8)
–, direkte Oxidation 10, (Abb. 3)
–, Nierenschwelle 2
–, Stoffwechsel 35; 36
–, Wechselbeziehungen 37; (Abb. 8)
Glucose-Belastungsprobe 28

Glucose-Galactose-Malabsorption 18
Glucose-Teststreifen 77
Glucose-Toleranztest, intravenos 23
– –, im Alter 16
Glucose-Transportsystem 19
Glucosurien, alimentäre 2
–, diabetische 25
–, durch Ninhydrin 71
–, Leitsymptome 24
–, renale 2
–, symptomatische, renale 3
–, toxische 3
–, traumatische 5
–, u. Herzinfarkt 17
Glucosurieformen, nichtdiabetische 2
Glutathion 70
Glycerinsäure 41
Glykogenese 36
Glykogenolyse 36
Glykogenosen 13
–, generalisierte 15
–, Leber-Phosphorylase-Typ 16
–, muskuläre 16
–, Typen 13
Glykogenspeicherkrankheiten 13
Glykolyse 36, 37 (Abb. 8)
Glykolytischer Abbauweg 36
Grenzdextrinose (Forbesche Krankheit) 13

Hauterkrankungen u. Diabetes 65
Hautzuckergehalt des Diabetikers 66
Hepatischer Diabetes 74
Hepato-Glycogenose (v. Gierke) 13
Herzinfarkt u. Diabetes 59
–, u. Glucosurien 17
–, u. Hyperglykämien 17
Horrecker-Cyclus 10
Hunger-Diabetes 27
Hunger-Hypoglykämie 79
β-Hydroxybuttersäure 48
Hydroxyindolessigsäure 82
–, bei Diabetes 22
–, u. Herzinfarkt 59
Hyperglykämische Stoffe 72
Hyperlactämie 48
Hyperlipämie u. Alkohol 45

Hyperinsulinismus, pankreatogener 83
–, primärer 83
–, sekundärer 84
Hyperosmolares Coma 49, 51
Hyperosmolarität 50
Hypoglykämia factitia 85
Hypoglykämie, Einteilung 78
–, Syndrom 75
– –, Definition 75
– –, postprandiale 82
– –, Ursachen 75
– –, verschiedene Stadien 76
Hypoglykämien, alkoholbedingte 85
–, artifizielle 78
–, Behandlung 86
–, bei Neugeborenen 80
–, exogene 78
–, funktionelle 80
–, im Schlaf 80
–, in der Rekonvaleszenz 80
–, in der Schwangerschaft 80
–, medikamentöse 78
–, rechtliche Auswirkungen 87
–, Schockzustand 77
–, spontane 79
–, Stadien 76
–, u. Muskelarbeit 79
–, u. Sport 79
Hypoglykämischer Anfall 76
Hypoglykämischer Symptomenkomplex 75
Hypoglykämischer Zustand 75
Hypoglykämisches Coma 77
Hypophysärer bzw. zentraler Diabetes 73

Iatrogener Diabetes 27
Idiopathische, infantile Hypoglykämie 80
Inselhormone 34
Inselzellen 34
Insulin 34
–, Abgabe, tägliche 33
–, aktives u. passives 33
–, Antagonismus 32
–, Antikörper 32
–, Biosynthese 33
–, Primärstruktur 33; (Abb. 6a)

Insulin, Überdosierung 78
–, Sekretion 41
–, Stoffwechselstörungen, Zusammenstellung 42; (Tab. 4)
–, u. Sport 55
–, Wirkungsmechanismus 34
Insulinase 33
Insulinhemmungsdiabetes 32
Insulinhemmungstheorie 32
Insulin like factor 83
Insulinlipodystrophie 66
Insulinmangeldiabetes, Zusammenstellung 26
Insulinom 83
Insulinpräparate, Wirkungsweise 37; (Tab. 3a)
Insulinproduktion, tägliche 33
Insulinresistenz 33
Insulinschock 84
Insulinwirkung 34
–, verminderte 32
Intoxikationsdiabetes, endogener 71

Jugendlicher Diabetes 26
Juveniler Diabetes 26

Kaliumtransport u. Insulin 35
Kapillaropathie bei Diabetes 60
Katarakt, diabetischer 11
Katecholamine 4
Ketoacidose 48
–, toxische Schädigungen 48
Ketoacidotisches Coma 48
Ketoamine 39
Ketogenese bei Coma diabeticum 48
Ketokinase 6
Ketopentose 8
Ketonstoffe (Acetonstoffe) 39
–, Bildung 39
Ketonsäuren 48
Kimmelstiel-Wilson-Syndrom 61
Kohlenhydrat-Malabsorptionen 17
Kohlenhydrat-Resorptionsstörungen 17
Kollaps, hypoglykämischer 77
Komplikationen beim Diabetes 57
Koronarkrankheit 59
Kuhsmaulsche große Atmung 48

Lacacidotisches Coma 48
Lactoseintoleranz 7
Lactose-Malabsorption, angeborene 18
– –, erworbene 18
Lactosurie 7
Laevulose (Fructose) 41
Laevulosurie 5
Langerhans'sche Inseln, Veranderungen bei Diabetes 40 (Tab. 3b)
Laserkoagulation bei Retinopathie 64
Laser-Technik 64
Lebererkrankungen bei Diabetes 64
Leber-Phosphorylase 13
Leitsymptome 2
–, alimentäre Glucosurie 2
–, Coma diabeticum 52
–, der Comaformen (Zusammenstellung) 52
–, Reizglucosurie 4
–, renale Glucosurie 2
Lichtkoagulation (Laser-Koagulation der Netzhaut) 64
Lihn-Diabetikerzucker 44
Lipämie u. Alkohol 45
Lipodystrophie u. Diabetes 66
Lipogenese 39
Lipolyse 39
Lipom 66
Lipophile Dystrophie 66
Lipoproteidämie 38
Lymphocytäre Reaktion 78

Makroangiopathie bei Diabetes 58
Malabsorption 17; 18
Maldigestion 18
Manifestationsalter 26
Mannoheptulose 69; 73; 87
Mellitus-Leitsymptome 24
Mellitusurie 24
Merkatoenzyme 70
Mikroangiopathie bei Diabetes 58
–, Pathogenese 60
Mineralstoffwechsel u. Diabetes 61
Mischinsuline 37; (Tab. 3a)
Morbus Cushing u. Diabetes 68
–, diabeticus 20
Mucopolysaccharide u. Diabetes 61
Muskelarbeit (Sport) u. Diabetes 55

Muskulare Glycogenose (nach
  McArdie) 16
Myophosphorylase 16

Nebennieren-Cushing 68
–, Hormone 68
Nebenwirkungen, Biguanide 46
–, Sulfonamide 46
Nephropathie, diabetische 61
Neugeborenen, Galactosamie 10
Neuropathie bei Diabetes 69
Nichtdiabetische Glucosurien 1
Nichtdiabetische Melliturien 1
Nichtdiabetische Storungen des
  KH-Stoffwechsels (Einteilung) 1
Nicotinsaure 72
Nierenschwelle für Glucose 2
Ninhydrindiabetes 71
Nuchternblutzucker, Normalwerte 28

Oligophrenie 11
Orale Antidiabetika 45
Orale Glucose-Belastungsprobe 29
Oxin-Diabetes 72

Pankreas, A- u. B-Zellen 34
–, Insulin u. Glucagon 34
–, *Langerhans*'sche Inseln 34; 40
*Pankreas*diabetes, primärer 20
–, sekundarer 73
*Pankreat*opriver Diabetes 73
Pentosane 8
Pentosen 8
Pentosephosphatcyclus 8; 36
Pentosurien 8
–, alimentare 8
–, essentielle 8
Pharmaka, blutzuckersenkende 45; 85
Phenformin 45
Phlorrhizindiabetes 3
Phlorrhizinglucosurie 3
Phosphoglyzerinsaure 41
Phosphorylase 16
Phosphorylierung 18
Polydipsie 25
Polyurie, diabetische 25
Potentieller Diabetes 21
Praediabetes 21
Primarsymptome, diabetische 24

Prognose, Coma diabeticum 54
Protodiabetes 21
Provokationstest (*Cortison*-Glucose-
  Toleranztest) 29
Prufung des Saccharidstoffwechsels 28
Pyelonephritis als Zweitkrankheit 67

Rechtliche Auswirkungen 87
Reduzierte Glucoseverwertung im
  Alter 16
Reizglucosurien 4
–, extrainsulare 4
–, Leitsymptome 4
–, thyreotoxische 5
–, u. Schwangerschaftstoxine 5
Renale Diabetesformen 2
Renale Glucosurie 2
Renale symtomatische Glucosurie 3
Renale toxische Glucosurie 3
Resorption, intestinale 17
Retinopathia diabetica 63
Retinopathie, diabetische 63
Retinopathien, verschiedene Stadien
  63
–, u. Augenhintergrund 63
Rohrzucker (Saccharose) 7

Saccharid-Resorptionsstörungen 19
  – – u. Durchfall 19
Saccharid-Stoffwechsel, Prüfung 28
Saccharose (Rohrzucker) 7
Saccharose-Isomaltose-Malabsorption
  19
Saccharosurie 7
Sacharin 44
Saurevergiftung 48
Schocksymptome, hypoglykämische
  77; 78
Schwangerschaftsdiabetes 4
Schwangerschaftsglucosurie 4
Schwangerschaftslactosurie 7
Schwangerschaftstoxine u. Gluco-
  surie 5
Schwangerschaftszucker 4
Sekundare Diabetesformen 73
Serotonin 82
SH-Enzyme 70
Silikonol 64
Sionon 44

Sion, nzuckersüß 44
Somatotropin (STH) u. Diabetes 21;
  73
Sorbit 44
Spontane Hypoglykamien 79
Sporthypoglykämie 79
Sportschock 79
Sport u. Diabetes 55
Steroiddiabetes 73
Störungen des Fettsaure-Stoffwech-
  sels 40
− −, KH-Stoffwechsels, nichtdiabe-
  tische 1
Stoffe, diabetogene 69
−, hyperglykamisierende 72
Stoffwechsel bei essentieller Pentosu-
  rie 8
− −, Fructoseintoleranz 6
− −, Galactosamie I u. II 10
− −, hepatorenaler Glycogenose 13
Stoffwechselprodukte beim Glucu-
  ronsäure-Abbau 10
− −, Xylulose-Cyclus (Schema) 10
Streptocotocin 72
Studienfragen 89
Süßmost 8
Süßstoffe 44
Sulfonamidderivate als Antidiabetika
  45
−, Wirkungsweise 45
Sulfonylharnstoffe 45
Syndrom, diabetisches 20
−, hypoglykamisches 75

Tagesblutzuckerkurve, diabetische
  30; (Abb. 6)
Teststreifen 7
Therapie mit Insulin 33
Thiacide 72
Tolbutamidtest, intravenos 29
Toter Punkt 79
Transglucosidase 15
Transport-Hyperlipamie 15
Transportmechanismus, aktiver 18
Trauma u. Diabetes 73
Triopathie der diabetischen Spatsyn-
  drome 69
Triosephosphate 43

Unterzuckerungszustand 75
Uridindiphosphat (UDP Uridyldi-
  phosphat) 11
Uridindiphsophat-Galactose 11
Uridintransferase 11
Uridintriphosphat (UTP) 11

Vagotones Syndrom 81
Verdauungsphase, intraluminare 18
−, intrazellulare 18
Verschlußkrankheit, arterielle periphere 58
Verzogerungsinsuline (Depotinsuline) 37

Wachstumshormon (Somatotropin;
  STH) 22; 73
Wadenkrampfe 76
Wirkungsmechanismus der oralen
  Antidiabetika 45
Wirkungsweise verschiedener Insulin-
  praparate 37; (Tab. 3a)

Xanthome u. Diabetes 66
Xanthosis diabetica 66
Xilit 8
Xylulose 8
Xylulosurie 8

Young-Diabetes bzw. hypophysarer
  Diabetes 73

Zentraler bzw. hypophysärer
  Diabetes 73
Zitronensäure s. Citronensaure 36
Zuckeraustauschstoffe 44
Zuckergehalt des Blutes 28
−, der Haut 66
Zuckerharnruhr 25
Zuckerkrankheit 20
−, manifeste 24
Zuckermangelkrankheit 75
Zuckerstoffwechsel bei Diabetes 38
Zusammenstellung der Storungen bei
  Diabetes 24
Zweiinsulintheorie 33
Zweitkrankheiten bei Diabetes 57
Zwillinge, eineiige u. Diabetes 22

Verwandte Literatur

K. H. Bässler / K. Lang
Vitamine
Eine Einführung für Studierende der Medizin, Biologie, Chemie,
Pharmazie und Ernährungswissenschaft
1975. VIII, 84 Seiten, 12 Abb., 28 Schemata, 18 Tab. DM 14,80
(UTB 507)

W. Ehrhardt et al.
Säure-Basen-Gleichgewicht des Menschen
Grundlagen, Bestimmung und Interpretation in Diagnostik und
Therapie.
1975. X, 214 Seiten, 49 Abb., 20 Tab. DM 28.– (stb 7)

F. Heepe
Die Vitamine in der Diät- und Küchenpraxis
1961. XV, 232 Seiten, 80 Tab., 185 Rezepte. DM 44.–

O. Kunz / F. Steigerwaldt
Grundlagen und Praxis der Diabetesbehandlung
Diagnostik, Komplikationen, Spätschäden
1970. VIII, 142 Seiten, 1 Abb., 10 Tab. DM 28.–

K. Lang
Biochemie der Ernährung
1974. 3. Aufl. XVI, 676 Seiten, 95 Abb., 302 Tab. DM 180.–,
Studienausgabe DM 126.–

J.-G. Rausch-Stroomann
Stoffwechselkrankheiten
Kurzgefaßte Diagnostik
1973. XI, 127 Seiten, 4 Abb. DM 14,80 (UTB 195)

E.-G. Schenck / C. H. Mellinghoff
**Der Diabetes mellitus als Volkskrankheit und seine Beziehung zur
Ernährung**
1960. XI, 310 Seiten, 10 Abb., 66 Tab. DM 54.–

K. Strunz / A. Hock
Die experimentelle diätetische Lebernekrose
1960. XI, 124 Seiten, 12 Tab. DM 28.–

N. Zöllner (Hrsg.)
Klinische Ernährungslehre
Band 1: 1964. VIII, 120 Seiten, 51 Abb., 9 Tab. DM 45.–
Band 2: 1966. VIII, 111 Seiten, 56 Abb., 20 Tab. DM 45.–
Band 3: 1970. VIII, 144 Seiten, 68 Abb., 39 Tab. DM 50.–

DR. DIETRICH STEINKOPFF VERLAG · DARMSTADT

Supplementa
zur Zeitschrift für Ernährungswissenschaft
Herausgeber: *K. Lang*

1. *W. Auerswald* (Hrsg.), **Aktuelle Probleme des Mineralstoffwechsels.** VIII, 156 Seiten, 23 Abb., 3 Tab. DM 36.–

2. *H. Langendorf,* **Säure-Basen-Gleichgewicht und chronische acidogene und alkalogene Ernährung.** VIII, 73 Seiten, 9 Abb., 12 Tab. DM 18.–

4. *K. Lang* (Hrsg.), **Ernährungsprobleme in der modernen Industriegesellschaft.** VIII, 190 Seiten, 27 Abb., 53 Tab. DM 50.–

8. *N. Zöllner* (Hrsg.), **Enzyme und Ernährung.** VII, 143 Seiten, 52 Abb., 34 Tab. DM 40.–

9. *G. Berg* (Ed.), **Recommendations for Parenteral Nutrition.** VIII, 40 Seiten, 7 Abb., 4 Tab. DM 21.–

10. *K. Lang, W. Fekl* (Hrsg.), **Parenterale Ernährung.** VII, 90 Seiten, 20 Abb., 26 Tab. DM 25.–

11. *K. Lang, W. Fekl* (Hrsg.), **Xylit in der Infusionstherapie.** VII, 99 Seiten, 67 Abb., 28 Tab. DM 30.–

12. *G. Berg* (Hrsg.), **Steroidhormone und Fettstoffwechsel.** VIII, 94 Seiten, 40 Abb., 20 Tab. DM 30.–

13. *P. Doberský* (Hrsg.), **Rehabilitation durch Ernährung.** VIII, 127 Seiten, 84 Abb., 44 Tab. DM 30.–

17. *H. Kaunitz, K. Lang, W. Fekl* (Hrsg.), **Mittelkettige Triglyceride (MCT) in der Diät.** VII, 56 Seiten, 34 Abb., 31 Tab. DM 25.–

18. *J. Seifert,* **Enterale Resorption großmolekularer Proteine bei Tieren und Menschen.** XI, 72 Seiten, 33 Abb., 12 Tab. DM 60.–

DR. DIETRICH STEINKOPFF VERLAG · DARMSTADT